U0168509

植物
在丝绸的路上
穿行

许晖 著

广西师范大学出版社
·桂林·

图书在版编目(CIP)数据

植物在丝绸的路上穿行/许晖著.—桂林:广西师范大学出版社,
2023.3
ISBN 978 - 7 - 5598 - 5774 - 3

Ⅰ.①植…　Ⅱ.①许…　Ⅲ.①植物 - 文化史 - 世界
Ⅳ.①Q94 - 05

中国版本图书馆 CIP 数据核字(2023)第 015476 号

植物在丝绸的路上穿行
ZHIWU ZAI SICHOU DE LU SHANG CHUANXING

出 品 人:刘广汉　　　　　策划编辑:尹晓冬　宋书晔
责任编辑:刘孝霞　　　　　执行编辑:宋书晔
选图、解说:芸 窗　　　　　装帧设计:李婷婷
营销编辑:徐恩丹
《都督夫人礼佛图》临摹:段文杰　摄影:吴健　供图:敦煌研究院

广西师范大学出版社出版发行

（ 广西桂林市五里店路 9 号　　　　邮政编码:541004 ）
　网址:http://www.bbtpress.com

出版人:黄轩庄
全国新华书店经销
销售热线:021 - 65200318　021 - 31260822 - 898
山东临沂新华印刷物流集团有限责任公司印刷
(临沂高新技术产业开发区新华路 1 号　邮政编码:276017)
开本:787 mm × 1 168 mm　　1/32
印张:9.25　　　　　　　　字数:133 千字
2023 年 3 月第 1 版　　　　2023 年 3 月第 1 次印刷
定价:79.00 元

如发现印装质量问题,影响阅读,请与出版社发行部门联系调换。

此书谨题献给遐迩

引 言 ／ 植物在丝绸的路上穿行

有个词叫"慕风远飏"，飏，风所飞扬也，追慕风的自由自在，远远地洋溢开去。拿这个词来形容丝绸之路开通后物质往来交流的盛大景况是最恰切的。

后人喜欢侈言"盛唐"，"盛唐气象"被当作中国历史的顶点和巅峰，但其实"盛唐"是汉朝结出的果子。唐朝名将高仙芝之所以能够横行西域，甚至翻越帕米尔高原征战，得益于汉朝解决了中国北方最大的边患——匈奴。

经过一百多年的汉匈战争，汉元帝在位期间，匈奴的国力消耗殆尽，属国纷纷背叛，而且匈奴内部也分崩离析。匈奴已经到了"事汉则安存，不事则危亡"（《汉书·匈

　　　　　　　　　　　　　　　植物在丝绸的路上穿行

奴传》）的地步。自此之后，虽然汉匈之间仍有零零星星的冲突和战争，但是匈奴已经不足为患。两百多年后"五胡内迁"，中原黄河流域的汉族遭遇重大挫折，经济和文化中心向江南转移，而北方少数民族与汉族大融合，反而结出了一颗熠熠发光的果子——唐朝，加上唐王室固有的少数民族血统，有唐一代才能够兼容并蓄，衣食住行、礼乐歌舞，中西合璧，遂成就了光芒万丈的"盛唐气象"。

而这一切的源头，就在汉武帝时期张骞"凿空"西域。"凿空"这一说法出自司马迁所著《史记·大宛列传》，裴骃集解引苏林曰："凿，开；空，通也。骞开通西域道。"司马贞索隐案："谓西域险厄，本无道路，今凿空而通之也。""凿空"真是一个形象的说法：将壁垒打破，形成一条狭长的走廊，风才能够从西吹到东，从东吹到西，经过西域、中亚以迄小亚细亚、地中海西岸，连接中国和欧洲、北非的丝绸之路于是成形。丝绸输往波斯和罗马，西方的珍异之物——香料、水果、矿物等输往中国，文化大交流的时代开始了。从广州、杭州、泉州等地经南洋抵达印度、阿拉伯海和非洲东海岸的海上丝绸之路也相继开通。从此之后，世界上所有的文明形态都连接在了一起，全球化的时代早已经提前预演了。

张骞出使西域的动机其实很简单，就是为了联络河西走廊一带的月氏夹攻匈奴。这是一项政治任务，张骞的全部身心都投到了这项政治任务上面，无暇旁顾。因为张骞是"凿空"西域的第一人，后人就把物产的输入都归功于张骞，从而在历朝历代的各种著述和外国汉学家中间形成了美国东方学家劳费尔命名的"张骞狂"现象，即张骞崇拜症。

在名著《中国伊朗编》（ *Sino-Iranica; Chinese Contributions to the History of Civilization in Ancient Iran, with Special Reference to the History of Cultivated Plants and Products* ）的序言中，劳费尔如此写道："我们必须知道伊朗植物向中国的移植是一个延续一千五百年的过程；现在学术界中竟有这样一个散布很广的传说，说大半的植物在汉朝都已经适应中国的水土而成长了，而且把这事都归功于一个人，此人就是名将张骞。我的一个目的就是要打破这神话。其实张骞只携带两种植物回中国——苜蓿和葡萄树。在他那时代的史书里并

　　　　　　　　　　　　　植物在丝绸的路上穿行

未提及他带回有任何其他植物。只是后代不可靠的作者（大半是道家者流）认为其他伊朗植物之输入都要归功于他。日子久了，他成为传说故事的中心人物，几乎任何来自亚洲中部来历不明的植物都混列在他的名下，因此他终于被推尊为伟大的植物输入者。"

其实劳费尔的辨正也是错误的，他说"张骞只携带两种植物回中国——苜蓿和葡萄树"，但这两种植物却并非由张骞携带回中国，那是发生在张骞死后的事情。

《史记·大宛列传》载："宛左右以蒲陶为酒，富人藏酒至万余石，久者数十岁不败。俗嗜酒，马嗜苜蓿。汉使取其实来，于是天子始种苜蓿、蒲陶肥饶地。及天马多，外国使来众，则离宫别观旁尽种蒲萄、苜蓿极望。"这里的"蒲陶（萄）"即葡萄，"别观"即"别馆"，"离宫"和"别馆"都指帝王出行时居住的宫室，区别于正宫；"极望"乃满目之意，远远望去，满目皆是。张骞死后，因汉武帝喜爱大宛的宝马，故"使者相望于道，诸使外国一辈大者数百，少者百余人"，因此真正将苜蓿和葡萄树输入中国的，乃是其后不知名的汉使，即司马迁所说的"汉使取其实来"，将果实取回中国，而绝不可能是以政治任务为首端、又被匈奴两次羁押长达十三年的张骞。

那么，张骞除了完成政治任务之外，经手输入中国的物产到底是什么？答案是只有一种，就是著名的乌孙宝马。《史记·大宛列传》载："骞因分遣副使使大宛、康居、大月氏、大夏、安息、身毒、于寘、扜罙及诸旁国。乌孙发导译送骞还，骞与乌孙遣使数十人，马数十匹报谢，因令窥汉，知其广大。"这里记载得非常清楚，张骞和乌孙遣使报谢汉武帝的，就是数十匹乌孙宝马。得到乌孙宝马后，汉武帝命名其为"天马"；后来又得到了大宛的汗血马，更名乌孙宝马为"西极"，而名大宛马曰"天马"。

班固的《汉书·西域传》则记载得更加清晰："张骞始为武帝言之，上遣使者持千金及金马，以请宛善马。"大宛王不给，这才引发汉朝和大宛之间的战争。汉武帝派李广利率兵前往大宛索取汗血宝马，因为大宛国的贰师城出产宝马，所以号李广利为"贰师将军"，志在必得。四年后大败大宛，得马三千匹，后"宛王蝉封与汉约，岁献天马二匹。汉使采蒲陶、目宿种归。天子以天马多，又外

植物在丝绸的路上穿行

国使来众，益种蒲陶、目宿离宫馆旁，极望焉"。"目宿"即苜蓿。这是中国第一次输入原产于波斯的两种植物，当然不是已经去世的张骞的功劳，应该归功于李广利的这次征伐。

苜蓿原产于伊朗，原本是马的饲料，也就是司马迁记载的"马嗜苜蓿"。日本学者星川清亲在《栽培植物的起源与传播》一书中写道："紫苜蓿是波斯语，意思是'最好的草'，随后转化成阿拉伯语，进而又成英语。"

汉武帝既然取得了大宛宝马，理所当然地也要把马的饲料带入中国，唐朝诗人王维有诗"苜蓿随天马，葡萄逐汉臣"，正是这一传入目的的形象写照。在为《汉书·西域传》所作的注中，颜师古写道："今北道诸州旧安定、北地之境往往有目宿者，皆汉时所种也。"可见唐代时苜蓿已从宫廷迅速蔓延到了民间，遍布华北。

第一次将苜蓿的输入归功于张骞的记述，出自西晋张华所著的《博物志》一书，北宋大型类书《太平御览》引其文："张骞使西域，所得蒲桃、胡葱、苜蓿。"比张华稍晚的南朝梁代著名文学家任昉所著《述异记》也记载了此事，据《太平御览》的引文："张骞苜蓿园，在今洛中，苜蓿本胡中菜，骞始于西国得之。"正如上述，苜蓿和葡萄都是张骞之后的汉使输入的，将几乎所有的物种输入都归功于张骞一人，这只不过是中国本土的"张骞狂"现象而已。

记载西汉逸事的《西京杂记》一书中写道："乐游苑自生玫瑰树，树下多苜蓿。苜蓿一名怀风，时人或谓之光风，风在其间，常萧萧然，日照其花，有光采，故名苜蓿为怀风。茂陵人谓之连枝草。"北魏文学家杨衒之在《洛阳伽蓝记》一书中写道："宣武场在大夏门东北，今为光风园，苜蓿生焉。"怀风、光风、连枝草，这些都是苜蓿在中国的别名。

综上所述，经张骞之手直接输入中国的物产只有乌孙宝马，同时他为汉武帝带回了关于大宛汗血宝马的传说，但"张骞凿空"这一事件太过重大，太具有历史进程的决定性意义，因此才出现了劳费尔所说的"张骞狂"的现象，"他终于被推尊为伟大的植物输入者"，以至于后世的各种文献将一切植物的输入都归功于张骞一人。

"张骞凿空"之后，各种对中国来说堪称新奇的植物、香料、矿物等，借着这条绵长的丝绸之路，慕风远飏，源源不断地输入中土，逐渐融入中国人的日常生活。

劳费尔在《中国伊朗编》里罗列了林林总总输入中土的物产：植物有胡桃、胡麻、安石榴、茉莉、指甲花、水仙、无花果等品种；食物有葡萄酒、豌豆、西瓜、黄瓜、胡萝卜、胡椒、胡蒜、胡葱、糖等品种；香料有没药、安息香、沉香、樟脑、丁香、玫瑰香水等品种；药物有胡桐泪、豆蔻、阿魏、人参、蓖麻子等品种；矿产有硼砂、硇砂、黄丹等品种；宝石有琥珀、翡翠、绿松石、珊瑚等品种。当然，交流是双向的，中国输入伊朗的物产也非常丰富：丝绸、肉桂、姜、黄连、芒果、檀香、茶、中国玫瑰、白铜……

物产的输入极大地改变了中国人的生活。比如在葡萄酒输入之前，中国人的酒精类饮料主要是米酒和其他各种粮食酒，其后葡萄酒所代表的果酒类饮料成为专嗜粮食酒民族的又一选择，直至今天，甚至成为判断小资与否的标准。比如原产秘鲁的马铃薯输入中国后，以其适应性强、产量高成为饥荒年景的救命作物，直至今天，西北高原的干旱山区还在大量种植。从口味到体质，从副食到主食，从实用甚至到审美，外来物种全方位地对中土民族施加着影响。

文明就是这样你来我往，新鲜的血液相互交换，在那条风吹耳闻的古道上生发出无数传奇般的故事。

本书选取经由陆上丝绸之路和海上丝绸之路传入中国的十二种植物，分别是小麦、葡萄、石榴、曼陀罗、黄瓜、红蓝花、枣椰树、水仙、甘蔗、淡巴菰、大蒜和芒果，再选取经由中国传入西方的四种植物，分别是桃、杏、芍药和桑，详细为读者朋友讲述它们的传播路线、功用以及在各自文化谱系中的象征意义。

目录

植物在丝绸的路上穿行

小 麦 ／ 前丝路时代的汉字密码

froment.

植物在丝绸的路上穿行

"小麦"，出自《巴黎植物群》第一卷，皮埃尔·比利亚尔绘，法国巴黎，1776—1783年。

皮埃尔·比利亚尔（1752—1793），法国医生、植物学家，同时也是一位出色的植物画家和版刻家。他在1783年出版的《植物学词典》一书促进了植物学术语和林奈系统的传播，在真菌领域尤为重要。他发明了一种以彩色印刷博物学图版的方法，并用于自己的出版物中。《巴黎植物群》描绘了巴黎周围生长的各种植物，根据林奈分类系统刻画了每种植物的特征，其中插图都是他亲自绘制、雕刻和着色的。

这幅插图描绘了禾本科小麦属的代表物种普通小麦（拉丁名：*Triticum aestivum*），也称冬小麦，图中的"froment"是小麦的法文。作为在世界各地广泛种植的谷类作物，小麦的颖果是人类的主食之一。秆丛生，高0.6—1.2米；叶片长披针形；穗状花序；颖卵圆形，外稃长圆状披针形，顶端无芒或具芒。花果期5—7月。图中画的是无芒的品种。小麦原产新月沃土，栽培历史已有一万年以上。普通小麦的出现晚于一粒小麦（*Triticum monococcum*）和二粒小麦（*Triticum dicoccoides*）。大约在八千年前，野生二粒小麦驯化为栽培二粒小麦后，与粗山羊草自然杂交，产生了普通小麦。

文明的起源，各种文明之间的交流与融合，都有其神秘的一面。

1877 年，著名的德国地理学家费迪南·冯·李希霍芬出版了五卷本的巨著《中国——亲身旅行的成果和以之为根据的研究》，首次提出"丝绸之路"的概念："从公元前 114 年到公元 127 年间，联结中国与河中（指中亚阿姆河与锡尔河之间）以及中国与印度，以丝绸之路贸易为媒介的西域交通路线。"

但即使从张骞"凿空"西域算起，丝绸之路也只有两千多年的历史；而远在张骞"凿空"之前，东西方就已经

　　　　　　　　　　植物在丝绸的路上穿行

通过这条大通道互通有无了。

　　在开始我们的丝路故事之前，让我们先远眺一下前丝路时代物种输入中国的最典型最珍贵的标本，这个标本就是小麦。感谢甲骨文，把这一珍贵标本保留了下来。字中有史，汉字之中其实蕴藏着既深厚又丰富的历史信息。甲骨文中的两个字——"来"和"麦"，我们的先人造出这两个字时的造字思维不仅极富趣味性和想象力，同时还反映了远古时期地球上不同文明之间神秘的交流与融合的过程，即"字"中的"史"。

　　迄今为止的考古发现证明，小麦的原产地是西亚、北非的新月沃土地区。所谓"新月沃土"，又称"肥沃月湾"，是指西亚、北非地区幼发拉底河和底格里斯河的两河流域以及附近一连串肥沃的土地，形似一弯新月，故称"新月沃土"或"肥沃月湾"。属于这个地区的伊拉克北部曾发现距今八千年的世界上最古老的小麦。值得一提的是，这个地区也是大麦的原产地。

　　而中国发现的最早的小麦，出土于新疆塔里木盆地的小河墓地，东边就是著名的楼兰遗址。小河墓地的每座墓

植物在丝绸的路上穿行

《森尼杰姆夫妇在冥界之域》，埃及工匠村森尼杰姆墓室画，约公元前1295—前1213年，查尔斯·克尔·威尔金森1922年纸本蛋彩画摹本，美国大都会艺术博物馆藏。

森尼杰姆是生活于古埃及第十九王朝塞提一世与拉美西斯二世统治时期的工匠，他与妻子及其他家人一起葬在当地村庄的大型墓穴中，坟墓编号为TT1。该墓于1886年1月被发现。这幅壁画绘于森尼杰姆拱形墓室的东墙，主要依据《亡灵书》第一百一十节的"咒文"，描绘了墓室主人森尼杰姆和他的妻子穿着精致的衣服，在来世丰饶的田地里耕种收获的场景。

画的中段，森尼杰姆夫妇正在割麦穗、拔亚麻。森尼杰姆在前，用一把弯曲的镰刀收割齐刷刷的麦穗，妻子在后，将麦穗收集到篮子里。金色的麦田几乎有一人高。麦田下面是亚麻田，再下面是果实累累的果园和开满鲜花的花园。所有田地都在清澈水渠的环绕之中。可以看出古埃及人割麦穗的位置较高，不似中国人习惯将麦秆齐根割下。

小麦在古埃及有着特殊的地位。在法老时代的埃及，最常种植的是埃默尔（Emmer）小麦，古罗马人因此将其称为"法老的小麦"。这是一种驯化的野生二粒小麦，是今天我们熟悉的其他种类小麦的祖先之一。二粒小麦和大麦是古埃及面包和啤酒的主要原料。近期一项对三千年前的埃及小麦样本的基因测序研究表明，它与土耳其、阿曼和印度种植的现代埃默尔品种极为相似，这勾勒出遥远的过去二粒小麦从新月沃土向东、向南扩展的大致图景。

里，都随葬有一个草编篓，里面装的就有小麦。小河墓地距今约四千年，也就是说，早在四千年前，小麦就已经从新月沃土地区传入。大约一千年之后，小麦的身影又出现于小河墓地以东的吐鲁番地区，这一地区的洋海古墓群中，随葬的植物、食品中就包括小麦。这一发现生动地描绘出小麦由西向东渐次传入中原地区的路线图。

距今约三千年、出土于中原黄河流域的甲骨文中的"来"和"麦"这两个汉字中，就保存了小麦由西东传这一弥足珍贵的历史信息。

中国人常说"五谷杂粮"，将五谷和杂粮并列，五谷指主食，杂粮指辅食。米和面以外的粮食统统称作杂粮，这个常识尽人皆知；但何谓"五谷"，却极少有人能说清楚。不过，早在汉代，古人对于五谷的分类就已经有了分歧。东汉经学大师郑玄在为《周礼》所作的注中解释说："五谷，麻、黍、稷、麦、豆也。"东汉经学家赵岐在为《孟子》所作的注中解释说："五谷，谓稻、黍、稷、麦、菽也。"两者的区别在于麻和水稻。此外还有六谷、九谷的更详细的分类。但不管是五谷、六谷还是九谷，麦都毫无异议地

　　　　　　　　植物在丝绸的路上穿行

位列其中，其重要性可见一斑。

我们先来看"来"字的演变过程。

"来"的繁体字是"來"，甲骨文字形之一（图1）很明显是一个象形字，像一株小麦的形状，中间是直立的麦秆，上面是麦叶，下面是麦根。"来"的甲骨文字形之二（图2），上面的斜撇像成熟后下垂的麦穗。"来"的金文字形（图3）误将下垂的麦穗之形匀整化为一横，而且表示麦茎的一竖还穿透了这一横，这就为字形的讹变埋下了伏笔。"来"的小篆字形（图4）跟金文字形和今天使用的繁体字形"來"几乎没有区别，麦子的形状还保留了一点遗意，但简化后的"来"字麦形尽失。

图1   图2   图3   图4

《说文解字》："来，周所受瑞麦来麰。一来二缝，象芒束之形。天所来也，故为行来之来。《诗》曰：'诒我来麰。'"

已故的现代著名文字学家张舜徽先生在《说文解字约注》一书中认为"一来二缝"应为"一来二锋"，即一麦二穗，"乃麦之嘉种，故许云瑞麦也"。不过许慎所说的"象芒束之形"则是错误的，从甲骨文和金文字形可以看得非常清楚，上面不是麦子的芒刺，而是两片麦叶。那么细微的芒刺怎么可能看得清楚呢！

　　现在明白了吧？"来"的本义竟然是麦子！

　　至于许慎所引的诗句"诒我来麰"，出自《诗经·周颂·思文》，这是一首周人歌颂祖先的诗，只有短短八句："思文后稷，克配彼天。立我烝民，莫匪尔极。贻我来牟，帝命率育，无此疆尔界。陈常于时夏。"

　　"烝（zhēng）民"，民众，百姓。中国台湾学者马持盈先生的白话译文为："有文德的后稷，可以与天相配。我们众民所以得能粒食，没有不是由于你的大恩大德而来。你既遗我们以小麦，又给我们以大麦。上帝命令你以此普遍地养育下民，不分什么疆界地区。又使你宣传农业之道于中国，以为社会民生之本。"

　　何谓"来牟"？三国时期的学者张揖在《广雅》中解释说：

"大麦，麰也；小麦，麳也。""麰"即"牟"，大麦；"麳"即"来"，小麦。《思文》一诗赞美先祖后稷为周人带来了小麦和大麦，命周人广泛种植，从而为周人的兴起奠定了基础。这也就是许慎所说的"周所受瑞麦来麰"，并神话化为"天所来也"，上天所赐。

麦子对周人既然如此重要，周成王的时候就诞生了一项仪式，称作"尝麦"。《逸周书·尝麦解》开篇就写道："维四年孟夏，王初祈祷于宗庙，乃尝麦于太祖。"孟夏是夏季的第一个月，正是麦收时节，周成王第一次在宗庙中举行祈祷仪式，并向始祖后稷祭献新麦。

《礼记·月令》中也有同样的记载："（孟夏之月）农乃登麦，天子乃以彘尝麦，先荐寝庙。""寝庙"指周天子和诸侯祭祖的宗庙，正殿称"庙"，乃接神之处，最为尊贵，因此在前，后殿称"寝"，乃藏衣冠之处，相对庙来说位卑，因此在后，合称"寝庙"。农人向周天子进献新麦，周天子以猪相配，先献于祭祖的寝庙，这就是"尝麦"之礼。

当然，麦子并非上天所赐。周人称"贻我来牟"，正是麦子乃外来物种的形象写照，引申之，则正如许慎所说"故为行来之来"，你来我往，来来去去，"来"字今天就只有这一个义项了。

不过，张舜徽先生则认为："西土民食，以黍为主。而来与麦又屡见于殷墟卜辞，则中原之地，原自有麦。周之祖先，盖始得麦种于此，教民播殖。"此言仅指对周人而言麦种乃外来，并没有关联中原地区麦种的来源。因此，张舜徽先生得出结论："来为小麦之名，而用为行来之来者，盖古人就周土而言，此麦种得自外来，与黍稷之为西土所固有者不同，而行来之义出焉。"此结论大致不错，但"中原之地，原自有麦"的说法却是错误的。

综上所述，"来"的本义是外来的小麦，引申为行来之来。

我们再来看"麦"字的演变过程。

"麦"的繁体字是"麥"，甲骨文字形（图5）可以看得很清楚：上面是"来"，即麦子；下面是"夂"，也就是"止"的倒写，像一只脚趾朝下的脚。甲骨文中的脚都是有方向性的，脚趾朝下就表示从外而来，而"麦"的所有甲骨文和金文字形，脚趾都朝下。因此整个字形会意为：

植物在丝绸的路上穿行

麦子是从外地引进而来的作物。"麦"的金文字形（图6）、
小篆字形（图7）都大同小异，跟今天使用的繁体字形"麥"
都没有多大区别。简化后的"麦"字则失去了上面的麦形。

图5   图6   图7

《说文解字》："麦，芒谷。秋种厚薶，故谓之麦。麦，
金也。金王而生，火王而死。从来，有穗者；从夊。""芒
谷"指带有芒刺的谷物。

《淮南子·地形训》中写道："麦秋生夏死。"东汉
学者高诱注解说："麦，金也。金王而生，火王而死也。"
意思是秋天属金，金为王，夏天属火，火为王，因此"麦
秋生夏死"。这不过是汉代人用五行生克理论来附会解释
麦的荣枯而已，许慎正是继承了这一穿凿附会的错误学说。

正因为"来"的本义是小麦，而小麦属于外来的作物，
所以又在"来"的下面添加了一只脚趾朝下的脚，表示小
麦从外而来，所以"麦"这个字中最重要的部分就是表示

到来的"夊"，"麦"的本义就是到来。"来"和"麦"是两个关联性极强的汉字，因此要精确解释它们的本义，也必须相互关联地来解释。

左民安先生在《细说汉字》一书中的辨析非常有说服力："凡是脚都有'走'的意思，所以这个'麦'字本来就是'来去'之'来'的本字，而'来'倒是'麦'的本字。可是在卜辞中使用'麦'字较少，而使用'来'字极多，所以这就发生了互换现象，把原来当'小麦'讲的'来'，变成了'来去'之'来'；把本来当'来去'讲的'麦'，变成了'小麦'的'麦'。这一交换再也没有还原过。"

其实，更早的时候，清代学者朱骏声就说过："往来之'来'正字是'麦'，荍麦之'麦'正字是'来'，三代以还承用互易。""麦"字字形下面的那只脚，正表示往来之来；而"来"字本身就是一棵麦子的象形。这两个字互换之后，沿用两千多年，再也无复各自当初的本义了！

不过，对"麦"字下面的那只脚，也有学者有不同的意见。南唐学者徐铉发其端："夊，足也。周受瑞麦来麰，如行来，故从夊。"徐铉虽然没有明确指出周人所受的瑞麦乃外来

　　　　　　　　植物在丝绸的路上穿行

作物，但"如行来"一语其实已经点明。

　　清代学者徐灏没有充分理解"如行来"一语的含义，而是简单地认为"盖象人行田收麦也"，"麦"字下面的那只脚，像农人行走于麦田之中收麦。

　　日本著名汉学家白川静先生继承了这一观点，在《常用字解》一书中，他认为："'夂'当表示用足拨土覆盖播撒的麦种，然后加以踩踏。""'麦'当义示踩踏麦苗，从而用来指代麦子。"

　　这样的解释显然小看了造字者的智商及其思维方式。麦种种下之后，不管是用手摁实还是以脚踩踏，都属于种麦的题中应有之义，也是种植常识，为什么非要用一个"夂"画蛇添足地强调？

　　古人造字，一定是融入了印象最深刻的生活经验，种麦这种常识性的动作，难道还用得着强调摁实或者踩踏吗？既然已经造出了"来"，那么"来"一定要深植于土中才能生长的常识，完全没有必要再借助于"麦"下面的那只脚来表示。对古人来说，"来"并非本土而是外来作物这件事才是印象最深刻的生活经验，因此才给"来"添加了一只从外而来的脚。这才是"来"和"麦"的关联性的具体体现。

"来"和"麦"的甲骨文字形，再结合小河墓地和洋海古墓群出土的小麦这两个重大的考古发现，就可以清晰地勾勒出小麦从西亚、北非的新月沃土地区一直向东传播，经由西域而传入中原黄河流域，并在"来"和"麦"的甲骨文字形中深深地植下了这一传播密码。小麦，作为前丝路时代西来物种的典型标本，其传播历程竟然神奇地体现在汉字的造字过程之中，不得不叹服古人造字时对历史原貌的深刻理解和忠实再现。

《汉书·食货志》载大儒董仲舒对汉武帝说："《春秋》它谷不书，至于麦禾不成则书之，以此见圣人于五谷最重麦与禾也。今关中俗不好种麦，是岁失《春秋》之所重，而损生民之具也。愿陛下幸诏大司农，使关中民益种宿麦，令毋后时。""宿麦"即冬小麦，隔年成熟。

周人说"贻我来牟"，周人的发祥地在岐山之下的周原，位于今西安以西。小麦传入周土后，继续向东、向南传播，董仲舒的这番话表明，汉代时周原以东的关中地区还没有种植小麦的习惯。

南宋初年，北方人大量迁移到长江以南，小麦的需求量急剧增加。南宋学者庄绰在《鸡肋编》中有这样的记载："建炎之后，江、浙、湖、湘、闽、广，西北流寓之人遍满。绍兴初，麦一斛至万二千钱，农获其利倍于种稻……于是竞种春稼，极目不减淮北。"小麦从此成为遍布中国国土的作物。而这一切的源头，就在早于丝绸之路至少一千五百年的物种输入。但只有到了张骞"凿空"西域之后，西方的物种输入才呈现出爆炸式增长的宏大格局。

彩绘版《帝鉴图说》之"后苑观麦"，绢本设色，约十八世纪，法国国家图书馆藏。

《帝鉴图说》由明代内阁首辅、大学士张居正亲自编撰，是供当时年仅十岁的小皇帝明神宗（万历皇帝）阅读的教科书，由一个个小故事构成，分上下两篇，"圣哲芳规"讲述历代帝王励精图治之举，"狂愚覆辙"剖析历代帝王倒行逆施之祸，每个故事均配以形象的插图。此彩绘版《帝鉴图说》大致绘制于清代早期，可能是当时的外销画。画面严谨工丽，略具西洋透视技法。

"后苑观麦"描绘的是宋仁宗的故事。农桑为国之基础，历代为君者均十分重视稼穑。宋仁宗时，宫中后苑里有空地，仁宗便令人种上麦子，又于其地建宝岐殿（麦一茎双穗谓之"岐"，为丰年之祥瑞）。皇祐五年（1053）麦熟时节，仁宗临幸后苑，坐宝岐殿看人割麦，谓辅臣曰："朕新作此殿，不欲植花，岁以种麦，庶知稼事不易也。"

宋仁宗赵祯就是民间流传的"狸猫换太子"故事中的太子。他在位四十一年，恭俭仁恕，为政宽厚，是中国历史上第一位获得"仁宗"这个庙号的皇帝。画面上一苑麦畦青青，两位农夫正辛勤劳作，殿中皇帝和众臣皆"袖手"旁观。麦秋为农历四五月间，天气溽热，农家割麦十分辛苦。白居易《观刈麦》诗中形容："足蒸暑土气，背灼炎天光。力尽不知热，但惜夏日长。"但是看画中所绘，麦苗尚青，麦穗稀疏，农人的动作也不似割麦，更像锄禾。大概绘者与皇帝、大臣一样，并不怎么熟知稼穑之事吧。画中的皇帝也没料到，小麦将随宋室南迁，广种于长江以南。

植物在丝绸的路上穿行

葡萄

/

在夜光杯中变成了透明的液体

"葡萄族"，出自《植物自然类目图鉴》，伊丽莎白·唐宁绘，英国伦敦，1868年出版。

伊丽莎白·唐宁（1805—1889），英国植物画家、作家，1805年出生于唐宁茶商家族，受到良好的上流社会艺术教育。她撰写并绘制了许多植物学方面的书籍，本书中她选择使用坎多勒创建的基于植物多种特征的分类系统来描述植物，将同一族属的多种植物放在一起描绘，展现植物的自然"目"，产生参差对照，大大增强了插图的观赏性。

葡萄（拉丁名: *Vitis vinifera*），又名蒲陶、草龙珠、赐紫樱桃、山葫芦等，木质藤本，卷须每隔2节间断与叶对生。叶卵圆形，显著3—5浅裂或中裂。圆锥花序密集或疏散，多花，与叶对生。果实球形或椭圆形，可生食，可制果干，可酿酒，可入药。花期4—5月，果期8—9月。原产于亚洲西部，现广泛栽培于世界各地。

这幅插图描绘的是葡萄科的两个物种，前景重点描绘的是葡萄属的葡萄，背景中画了葡萄科开花藤本植物弗吉尼亚爬山虎（Virginia creeper，拉丁名 *Parthenocissus quinquefolia*，又名五叶地锦）秋后变色的美丽枝叶。下方植株左侧的细节图展示了葡萄的花、蕊、果、种子，右侧的两个细节图展示了弗吉尼亚爬山虎的花和雄蕊。

让我们再重温一下太史公在《史记·大宛列传》中的描述："宛左右以蒲陶为酒，富人藏酒至万余石，久者数十岁不败。俗嗜酒。"

凿空西域的张骞虽然没有亲自向中土输入葡萄和葡萄酒，但他早已经见识过葡萄酒，甚至还极有可能品尝过。同样是《大宛列传》中的记载，张骞向汉武帝讲述大宛国的地望以及种种出产："大宛在匈奴西南，在汉正西，去汉可万里。其俗土著，耕田，田稻麦。有蒲陶酒。多善马，马汗血，其先天马子也。"这是中国的史籍中第一次出现"蒲陶酒"其名。

接着，张骞又介绍安息国："安息在大月氏西可数千里。

其俗土著，耕田，田稻麦，蒲陶酒。"大宛国位于今天的乌兹别克斯坦的费尔干纳盆地，安息即名为帕提亚的西亚古国，位于今天的伊朗高原。

《汉书》则泛泛而言西域的且末国、难兜国、罽宾国、大宛国都种植葡萄。当然，此类记载都出自张骞之后汉使的所见所闻。

劳费尔在《中国伊朗编》一书中写道："葡萄树是亚洲西部和埃及的一种古代的人工栽种的植物……葡萄树和葡萄酒至少在公元前三四千年在埃及就已经有了，在美索不达米亚也同样在很早的年代就为人所熟知了……中国人在历史后期从一个伊朗国家大宛得到葡萄树，那是早期中国人所完全不知道的植物。这可以使我们充分地强调说：各种各样的葡萄栽培在当时亚洲西部，包括伊朗在内，已经是普遍的现象了。"

劳费尔紧接着说："主要应该注意的事情是：葡萄和苜蓿，以及制酒术都是中国人纯粹从亚利安族的人那里得到的；主要是伊朗族，而不是从突厥族那里学来的。"这一辨析非常重要，后面我们会讲到这一细节。

伊斯法罕四十柱宫壁画中的饮酒贵妇，十七世纪，波斯萨非王朝时期。

四十柱宫位于伊朗的伊斯法罕，是一座坐落于花园中央、狭长水池尽头的宫殿，由波斯萨非王朝（1501—1736）国王阿巴斯二世建成于1647年，专为接见和宴请外宾之用。宫殿前面的巨大门廊由二十根悬铃木巨柱支撑，倒映入水池中，虚实相映，故而得名"四十柱宫"。宫内的四壁和天花板上镶满马赛克玻璃和装饰壁画，极为奢华。

十六世纪开始，经伊朗北部通向印度的丝绸之路再次复苏。当时的萨非王朝（中国明朝称之为巴喇西）贸易发达，经济繁荣，大量出口精美工艺品。王朝贵族崇尚世俗享乐，四十柱宫壁画中有很多宴饮场景，着力刻画那些美酒佳肴、衣香鬓影。这幅画描绘了一个身穿金色衣裙的波斯贵妇，斜倚靠枕，神情慵懒，一手持盏，挽着细颈酒瓶，似乎正在独酌。她身边的酒器琳琅满目，有金器，有瓷器，有玻璃器皿。她手上的细颈圆腹玻璃瓶是波斯的独特器型，瓶中是血红的葡萄酒。杨贵妃畅饮葡萄酒时不知是否也这般自在呢？

有趣的是她左手拿着一颗红石榴。虽然石榴是当时宴会上必不可少的鲜果，但这颗石榴却是作瓶塞用的，分酒后置于瓶口，倒酒时拿下来。

葡　萄

唐太宗贞观二年（628）九月，长安城秋高气爽，正是适合聚饮的日子。唐太宗挟两年前发动玄武门兵变得以继承皇位的喜悦，又加上这一年粮食大丰收，遂"赐酺三日"（《新唐书·太宗本纪》）。国家有喜庆之事，特赐臣民聚会饮酒称"酺（pú）"。唐太宗以国家的名义，号召官员和百姓把这三天当成狂欢节，聚会饮酒，一醉方休。不过这时人们喝的酒还不是葡萄酒，因为葡萄酒太过珍贵，不可能人人都喝得起。

　　张骞凿空西域之后，葡萄酒即传入中国，但葡萄酒的酿造方法却没有随之传入，因此导致从西域而来的葡萄酒异常珍贵。唐代大型类书《艺文类聚》引西晋张华《博物志》的记载："西域蒲萄酒，传云可至十年。"北宋大型类书《太平御览》所引更为详细："西域有蒲萄酒，积年不败。彼俗传云：可至十年，饮之醉，弥日不解。"西域的葡萄酒可以保存十年仍然美味可口，至少在西晋时期就已经流传着这样的传说，其中的艳羡之情宛在眼前。

　　葡萄酒之珍贵从一件逸事可见一斑。《艺文类聚》引西晋司马彪所著《续汉书》的记载："敦煌张氏家传曰：

　　　　　　　　　植物在丝绸的路上穿行

扶风孟他，以蒲萄酒一升遗张让，即称凉州刺史。"《太平御览》所引则为"一斛"，还有的书中说是"一斗"。古代容量单位，十升为一斗，十斗为一斛。张让是东汉灵帝时期的著名宦官，极受宠信，扶风郡的孟他（字伯郎）用一升（或一斗、一斛）葡萄酒贿赂张让，竟至于当上了凉州刺史的高官！一千多年之后，苏轼还为此事愤愤不平，写诗讽刺道："将军百战竟不侯，伯郎一斗得凉州。"

魏文帝曹丕对葡萄和葡萄酒的喜爱更是到了痴迷的地步。《太平御览》引述过他给群臣下的一通诏书，其中说："中国珍果甚多，且复为说蒲萄。当其朱夏涉秋，尚有余暑，醉酒宿醒，掩露而食，甘而不餍，脆而不酸，冷而不寒，味长汁多，除烦解餍。又酿以为酒，甘于麹蘖，善醉而易醒。道之固以流涎咽唾，况亲食之耶？他方之果，宁有匹者？"

"朱夏"指夏季，魏文帝的意思是说，由夏入秋的时候，醉酒后第二天醒来，吃葡萄最佳。"餍（yuàn）"是厌腻、吃饱之意，葡萄吃再多也没有吃饱的时候。他又说葡萄酒"甘于麹蘖"，"麹蘖（qū niè）"指酒曲，中国古代造酒，是用粟、稻或小麦加上酒曲发酵而成，蒸馏酒的技法是从元朝才开始出现的。

用谷物造酒，可想而知有清、浊之分，因此蒸馏酒之前的酒就分为清酒和浊酒。清酒冬酿夏熟，是质量最好的酒，专用于祭祀的场合；浊酒虽然比不上清酒，但是也不能说就是劣质酒，只不过相对清酒而言色泽稍微混浊而已。

中国古代关于酒的制度早在周代时就已经完备。浊酒共有五种，称作"五齐"，"齐"是度量而作的意思。"五齐"分别是：泛齐，酒色最浊，上面有浮沫，故称"泛齐"；醴齐，甜酒；盎齐，白色的酒；缇齐，丹黄色的酒；沈齐，"沈"通"沉"，酒糟和渣滓下沉的酒。

"五齐"就是所谓的浊酒，是相对清酒而言的。和蒸馏酒不同的是，浊酒是发酵后直接饮用的酒，清酒也不过是冬酿夏熟，度数当然也都没有今天的白酒高。因为是现酿，不易保存，必须酿好就喝，所以李白有诗"风吹柳花满店香，吴姬压酒劝客尝"，"压酒"即把刚刚酿好的酒的酒汁和酒糟分开。

由此可知，可以保存十年之久的葡萄酒对中国人是多么新鲜的诱惑啊！因此，在另一通诏书中，魏文帝又一次

植物在丝绸的路上穿行

感叹道:"南方有龙眼、荔枝,宁比西国蒲陶、石蜜乎!""石蜜"是甘蔗炼成的糖。在魏文帝的心目中,中土南方的龙眼和荔枝,远远比不上从西域而来的葡萄和石蜜。

南北朝时期,梁元帝萧绎所著《金楼子·志怪》中记载过一则十分稀奇的事:"大月氏国善为蒲萄花叶酒,或以根及汁酝之,其花似杏而绿蕊碧须,九春之时,万顷竞发,如鸾凤翼。八月中,风至,吹叶上伤裂,有似绫纨,故风为蒲萄风,亦名裂叶风也。""风吹裂叶"这一意象过于奇特,大概是梁元帝根据传闻而附会上的自己的想象吧。

劳费尔在《中国伊朗编》一书中提出了一个疑问:"奇怪的是中国人既于汉朝就从一个伊朗国家获得了葡萄,而且也见到一般伊朗人喝酒的习惯,却迟至唐朝才从西域的一个突厥族学得制酒术。汉朝的突厥人当然不知有葡萄和酒,因为那时他们限居在现今的蒙古,那地方的土壤和气候都不适宜种葡萄。只有安居不动的生活方式才合宜种植葡萄。突厥人直到在突厥斯坦安居了下来,夺取了前人伊朗人的遗产之后,他们才认识了伊朗人所传下来的葡萄和酒。"还记得上文中我们引述过的劳费尔的话吧,他说中国的制酒术"主要是伊朗族，而不是从突厥族那里学来的"。因此他才断言："突厥人是后来者，是篡夺者，他们对于种植葡萄的事业没有任何新贡献。"

劳费尔提到的"迟至唐朝才从西域的一个突厥族学得制酒术"这一事件发生在唐太宗贞观十四年（640），北宋初学者王溥所著记述唐代各项典章制度沿革的《唐会要》一书中写道："蒲萄酒西域有之，前世或有贡献，及破高昌，收马乳蒲萄实，于苑中种之，并得其酒法，自损益造酒，酒成，凡有八色，芳香酷烈，味兼醍醐。既颁赐群臣，京中始识其味。"破高昌之年即贞观十四年，造葡萄酒之法显然得自高昌，不过，唐太宗没有死板地完全按照西域的酿制方法，而是"自损益"，在原来酿制方法的基础上重新排列组合，结果竟然酿出了八个品种的葡萄酒！

自此，葡萄酒开始成为唐朝的时尚饮料，帝国的诗人们争相在诗中吟咏："自言我晋人，种此如种玉。酿之成美酒，令人饮不足。为君持一斗，往取凉州牧。"刘禹锡咏的就是孟他的故事。"天马常衔苜蓿花，胡人岁献葡萄酒。"李白更是将苜蓿和葡萄这两种最早输入中土的植物并列。

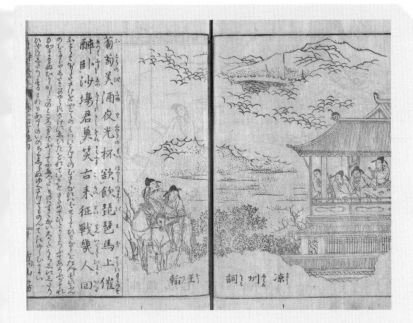

葡萄美酒夜光杯，欲飲琵琶馬上催。醉臥沙場君莫笑，古來征戰幾人回。

凉州詞

王翰

《唐诗选画本》二编卷二"凉州词"，铃木芙蓉绘，小林新兵卫宽政二年（1790）版。

《唐诗选画本》由日本东京书肆嵩山房梓行，著名学者小村高英等选注，以明代李攀龙《唐诗选》为原本，选录五七言近体诗约三百首，多为名篇，每诗配画一幅，旁附日文，绘图者均为当时浮世绘名家。这种图文并茂的画本以其雅俗共赏极受民众喜爱，影响深远。

铃木芙蓉（1749—1816），名雍，字文熙，俗称新兵卫，号芙蓉、老莲，日本江户时代中后期文人画家，影响了江户南画风格的确立。他的作品题材广泛，融合中国南宗北宗及日本画派风格，擅长中国式山水、人物、花鸟及孔子像。

图中所绘为唐代王翰《凉州词》诗意。画面背景是塞外风光。楼头送别者举杯相敬，马上欲行者勒马回头。夜光杯产自酒泉，以祁连山的老山玉雕琢而成，色泽暗绿，剔透晶莹。据说对着皎洁月色斟酒入杯，会有清辉熠熠，杯中似夜光流动。如此美器，斟以葡萄美酒，谁能不醉。

最有名的当然就是王翰的《凉州词》了："葡萄美酒夜光杯，欲饮琵琶马上催。醉卧沙场君莫笑，古来征战几人回。"

唐朝有许多名人都是葡萄酒崇拜者，甚至连杨贵妃都是葡萄酒的资深酒鬼。北宋文学家乐史所著传奇小说《杨太真外传》载唐玄宗李隆基与杨贵妃欢会，说："赏名花，对妃子，焉用旧乐词为。"于是宣召翰林学士李白写新词。其时李白宿酒未醒，但还是援笔立就，这就是著名的《清平调词三首》："云想衣裳花想容，春风拂槛露华浓。若非群玉山头见，会向瑶台月下逢。""一枝红艳露凝香，云雨巫山枉断肠。借问汉宫谁得似？可怜飞燕倚新妆。""名花倾国两相欢，长得君王带笑看。解释春风无限恨，沉香亭北倚阑干。"

乐史接着描写道："上命梨园弟子略约词调，抚丝竹，遂促龟年以歌。妃持玻璃七宝杯，酌西凉州葡萄酒，笑领歌，意甚厚。"李龟年歌唱的时候，杨贵妃畅饮着西凉州的葡萄酒，手持的则是玻璃七宝杯，那可是堪比夜光杯的有七种宝物镶嵌的酒杯啊！"沉香亭北倚阑干"，李白的醉眼看到的，莫非正是微醺时倚着沉香亭栏杆的杨贵妃？

植物在丝绸的路上穿行

唐穆宗李恒也是葡萄酒的忠实拥趸。五代末北宋初学者陶谷所著《清异录》载："穆宗临芳殿赏樱桃，进西凉州蒲萄酒，帝曰：'饮此顿觉四体融和，真太平君子也。'"

从此之后，葡萄酒自宫廷至民间，遍及中国各地，成为中国人的日常饮品。

与中国不同的是，葡萄树和葡萄酒的酿制技术传入西方的时间要早得多，而且最初是供献给诸神的珍贵祭品。德国著名的植物学家玛莉安娜·波伊谢特在《植物的象征》（*Symbolik der Pflanzen*）一书中写道："头戴常春藤冠的酒神狄奥尼索斯是从近东出来的，也许他带来了葡萄种植和酿酒技术。在古代希腊，人们将潮润的清新的常春藤置于烈火般的葡萄酒对面，以便消除或降低葡萄酒的醉人效力。植物神狄奥尼索斯会死，但他又每年复生。葡萄酒是他那纯净血液的象征。他乘坐由虎豹牵引的金质华车四处遨游，有大群醉醺醺的女祭司和心醉神迷、载歌载舞的女人紧紧相随，全然不顾接近诸神的种种危险。"

葡萄酒最终进入基督教的象征体系，玛莉安娜·波伊谢特继续写道："葡萄酒在基督教中最深切意义还存在于圣餐之中，其含义被改变，人们视其为基督之血。葡萄和葡萄穗象征基督的血肉，这象征中依旧存在着人类对植物崇拜的原始残余。"

值得一提的是，葡萄乃张骞输入这一传说，也就是说中国的"张骞狂"现象，最早出自西晋张华所著《博物志》一书，《艺文类聚》的引文为："张骞使西域还，得蒲萄。"自此，几乎所有从丝绸之路输入的植物，都归功于张骞一人了。

不过，劳费尔在《中国伊朗编》中的总结非常客观："我们也不应认为张骞的事业一结束，葡萄树在中国的传播也就完成了；其实葡萄的种子后来还陆续不断地传入内地，康熙还从新疆将新品种的葡萄输入内地。在中国葡萄种类甚多，若说都是由一个人在同时带回来的，那是令人难以置信的。"

今天喝葡萄酒已经用不起夜光杯和玻璃七宝杯了，但是当我们像杨贵妃一样畅饮的时候，是否也嗅到了一丝来自绿洲的神秘气息？

　　　　　　　　　　　　植物在丝绸的路上穿行

石榴 / 把中国女人的裙子染成了红色

植物在丝绸的路上穿行

"石榴"，出自《利马市场上的水果》，多萝西娅·伊丽莎·史密斯绘，1850—1853年。

多萝西娅·伊丽莎·史密斯（1804—1864），十九世纪英国植物画家，以画南美水果而闻名，此幅是画家在秘鲁短暂停留期间绘制的。她的植物画包含了水果的植物学细节，比如果实的横截面和成熟的种子，并注明果实的当地名称和科学名，以及一年中可食用的时间等信息，其中有的物种在当时的欧洲尚鲜为人知。

石榴（拉丁名：*Punica granatum*），又称安石榴、山力叶、丹若、若榴木，千屈菜科石榴属植物。落叶灌木或小乔木，高2—7米，幼枝常呈四棱形，顶端多为刺状。叶对生或近簇生，矩圆形或倒卵形。花一至数朵生于枝顶或腋生，花萼钟形、红色，花瓣生于萼筒内，红色、黄色或白色。浆果近球形，顶端有宿存花萼，通常为淡黄褐色或淡黄绿色，有时白色。种子多数，钝角形，晶莹的红色至乳白色，肉质的外种皮供食用。原产巴尔干半岛至伊朗及其邻近地区，全世界的温带和热带都有种植。中国栽培石榴的历史可上溯至汉代。在秘鲁，石榴是十九世纪之前引入的。这幅水彩画描绘了石榴花、果、种子的精致细节。

不出所料，在中国古代的典籍中，石榴的输入照例又归功于张骞。这一记载最早出现于北魏时期的著名农学家贾思勰所著《齐民要术》之中，他在书中引述西晋文学家陆机的话说："张骞为汉使外国十八年，得涂林。涂林，安石榴也。"唐代大型类书《艺文类聚》的引文则为："陆机《与弟云书》曰：'张骞为汉使外国十八年，得涂林安熟榴也。'"北宋大型类书《太平御览》引西晋张华《博物志》中的记载："张骞使西域还，得安石榴。"又引陆机《与弟云书》曰："张骞为汉使外国十八年，得途林安石榴也。"

这里出现了石榴的两个异名：涂林和安石榴。有学者认为涂林是地名，但南北朝时期梁元帝萧绎有一首《赋得咏石榴诗》吟咏道："涂林未应发，春暮转相催。燃灯疑夜火，连珠胜早梅。西域移根至，南方酿酒来。叶翠如新剪，花红似故栽。还忆河阳县，映水珊瑚开。"所以早在南北朝时期，"涂林"就已经是石榴的别名了。劳费尔在《中国伊朗编》一书中，经过语音方面的辨析，认为"涂林"一词"必定是某种伊朗方言里的石榴的名称"，这一别称被汉使带回了中国。

至于安石榴的异名，虽然西晋时期已有此名，但没有人解释这一别称的由来。直到明代著名医学家李时珍所著《本草纲目》一书中，方才引述张华《博物志》的话说："汉张骞出使西域，得涂林安石国榴种以归，故名安石榴。"按照这一记载，张骞是从西域的"安"国和"石"国，或"安石"国得到的石榴种，故称"安石榴"。但史书中并没有"安石国"这个国家的任何记载，而"安国"和"石国"的国名直到《北史·西域传》才有记载："（康国）名为强国，西域诸国多归之。米国、史国、曹国、何国、安国、小安国、那色波国、乌那曷国、穆国皆归附之。""安国，汉时安息国也。""石国，居于药杀水，都城方十余里。"

既然如此，怎么可能远至汉代就已经有"安国"和"石国"的名称呢？因此，劳费尔在《中国伊朗编》一书中令人信服地指出：安石极有可能就是安息，即安息国，"安国，汉时安息国也"的记载也印证了这个判断。前文说过，安息国即名为帕提亚的西亚古国，位于今天的伊朗高原。

劳费尔紧接着又写道："显然'榴'这个植物名称也是一个伊朗字的译音，中国人从住在帕提亚以外的伊朗人把这字整个采取了来，而那些伊朗人是从帕提亚地区得到此树或灌木的，所以称它为'帕提亚石榴'。这树不像是直接从帕提亚移植到中国的，我们不得不假设这树是逐渐移植过去的，在这移植的过程中，伊朗本部以外的伊朗殖民地，以及粟特和突厥斯坦的殖民地，起了很大的作用。"

事实也正是如此，康居、康国、安国、石国都是粟特人建立的国家，安息的石榴（帕提亚石榴）正如劳费尔所言，是沿着"粟特和突厥斯坦的殖民地"，逐渐移植到中国的。

根据这一观点，则"安石榴"实为"安息榴"，即帕提亚石榴，"榴"只是这种植物"一个伊朗字的译音"，

植物在丝绸的路上穿行

而并非如李时珍在《本草纲目》中所说："榴者，瘤也，丹实垂垂如赘瘤也。""丹实垂垂如赘瘤"，具有这种特点的植物实在是太多了，为什么偏偏以此命名石榴呢？可见这只是后来的附会而已。至于李时珍引《齐民要术》的石榴栽种之法"凡植榴者须安僵石枯骨于根下，即花实繁茂"，因此推断"则安石之名义或取此也"，就更是附会之言了。

关于石榴的原产地，法国学者坎多勒早在《植物耕作的起源》（*Origine des plantes cultivées*）一书中就写道："植物学、历史和语言学各方面材料都一致证明现代这种安石榴是波斯及其邻近国家所产。"德国学者比德曼在《世界文化象征辞典》（*Dictionary of Symbolism*）一书中也写道："石榴在东地中海地区和近东有很长的种植历史。据说石榴树由腓尼基人传播，成为遍布温暖地区的水果和草药。"

辗转传入中国之后，石榴获得了文人们的激烈赞美，以晋代为最，各种石榴赋争奇斗艳，其中尤以潘岳的"石榴者，天下之奇树，九州之名果"最为脍炙人口。不仅如此，人们还给石榴取了许多或美丽或奇特的别名：

若榴，或若留。东汉文学家张衡在《南都赋》中吟咏道："楟枣若留，穰橙邓橘。""楟（yǐng）枣"是一种像柿子的黑枣、软枣；"穰（ráng）"指南阳郡的穰县；"邓"指邓县。由此赋可知，东汉时期，张衡的家乡南阳已经广泛地种植石榴树。

丹若。此名出自唐代著名博物学家段成式所著《酉阳杂俎》一书："石榴，一名丹若。"李时珍在《本草纲目》中如此猜测："若木乃扶桑之名，榴花丹赪似之，故亦有丹若之称。傅玄《榴赋》所谓'灼若旭日栖扶桑'者是矣。"扶桑又称若木，石榴的红花就像扶桑花一样艳丽，故称丹若。西晋文学家傅玄《安石榴赋》中有"其在晨也，灼若旭日栖扶桑"的诗句，描写的就是清晨日出，阳光照射在石榴树上，就像栖居在扶桑树上一样。不过，劳费尔则认为"丹若"一词为伊朗语的译音。

金罂。这是一个非常奇特的别名，出自南宋学者叶寘（zhì）所著《坦斋笔衡》："五代吴越王钱镠改榴为金罂。""罂（yīng）"是一种腹大口小的瓦器，用于盛酒，金罂当然指黄金装饰的罂。石榴的果实金灿灿的，就像黄金装饰的罍一样，故称金罍。

天浆。顾名思义，天浆即天赐的浆汁，此名是对石榴最为登峰造极的美誉，出自《酉阳杂俎》："石榴甜者谓之天浆，能已乳石毒。"中国古代医学中有服食乳石之法，乳指石钟乳，石指石英之类的矿物。可想而知，服食乳石易中毒，石榴汁竟然被古人用来解乳石之毒，可谓神奇！

三尸酒。这是一个比金罍更加奇特的别名。道家认为人体内作祟的神有三种，称作三尸或三尸神，他们每天定时向天帝汇报人的恶行，减少寿命。一名青古，伐人眼，症状是目暗面皱，口臭齿落；二名白姑，伐人五脏，症状是心慌气短；三名血尸，伐人胃，症状是胃胀悲愁。对付的办法之一是，每到三尸神要上奏天帝的时候，人就彻夜不眠，一直守夜到天亮，三尸神无机可乘，无法上奏。还有一种对付的办法：每到三尸神要上奏天帝的时候，人就多吃石榴，三尸神当然也就经不住这种美味果实的诱惑，一吃就醉，再也无法上奏。至迟在南北朝时期，古人就已经用石榴酿酒，再对付三尸神的时候，估计只需喝下石榴酒即可。

潘岳《安石榴赋》还吟咏道："千房同模，千子如一。"因此古人把石榴视为多子多福的象征。这一习俗起源于南北朝时期。据《北史·魏收传》所载："安德王延宗纳赵郡李祖收女为妃，后帝幸李宅宴，而妃母宋氏荐二石榴于帝前。问诸人，莫知其意，帝投之。收曰：'石榴房中多子，王新婚，妃母欲子孙众多。'帝大喜，诏收：'卿还将来。'仍赐收美锦二匹。"

北齐的安德王高延宗纳李祖收的女儿为妃，有一天，北齐的文宣皇帝高洋到李祖收的宅第饮宴，妃母宋氏献给高洋两枚石榴。高洋不知何意，随驾的著名文学家魏收回答说："石榴里面多子，安德王新婚，妃母想让他们子孙众多，因此才向皇上敬献石榴。"高洋一听大喜，立刻赐魏收两匹美锦。

从此之后，这一习俗就相沿下来，直到今天，结婚时给新婚夫妇赠送石榴仍然是婚礼不可或缺的仪式之一。

其实，石榴多子从而象征着婚姻和生育的习俗并非只有中国才有。比德曼在《世界文化象征辞典》一书中记载："罗马神话中的朱诺手里拿着一株象征婚姻的石榴树。芬

　　　　　　　　植物在丝绸的路上穿行

《波斯妇女》，水彩及剪纸画册，1618年，土耳其伊斯坦布尔，大英博物馆藏。

这幅画出自一本1618年的土耳其画册，是一个波斯女子的全身像。她一身波斯传统服饰，柔美的白色披肩下露出深蓝印花衫裙，有鲜亮橙红裙裾，搭配淡紫色腰带和淡紫色长裤，头戴淡紫色尖顶镶边冠饰，垂下白色丝带。衣饰的图案和色彩上下呼应。页面两侧贴有水仙花图案的剪纸。

女子的眉目神情不明，似羞似愁。她款款而立，右手指着什么，左手拿着一个鲜艳的红石榴。这个石榴莫非是从情郎手中接过来的？

象征丰饶多子的石榴是波斯人最喜爱的水果之一，在各种波斯细密画中的宴会场景里都可以看到石榴，他们还把石榴果当葡萄酒的瓶塞。而石榴与婚姻的关系中外皆同。画像上这位妙龄女子，装束精心，温文尔雅，又拿着一颗醒目的石榴果，她心中在思量什么也就不言而喻了。

石　榴

芳的花香、火焰般的花朵也使这种树成为爱情、婚姻及生子育女的象征，所以新娘头戴石榴树枝做成的花冠。"罗马人还曾经用石榴汁治疗不育。无独有偶，劳费尔在《中国伊朗编》一书中也有相似的记载："阿拉伯人的新娘到了新郎帐篷前下马的时候，接过来一只石榴，她把它在门槛上撞碎，把子扔进帐篷里面去。"

玛莉安娜·波伊谢特在《植物的象征》一书中提到了古代罗马的女人们用石榴作为装饰的风俗："希望之神斯贝斯总是在发间或手上戴着一个石榴花的花环，罗马的年轻妇女们也就这样来装饰自己，表达自己的希望。"而传入中国的石榴，除了食用、欣赏和民俗价值之外，则酿成了一桩最令人目眩的传奇：它把中国女人的裙子染成了红色！这就是风靡将近两千年的石榴裙。

"石榴裙"真是一种神奇的裙子，"拜倒在石榴裙下""石榴裙下死，做鬼也风流"，这两句极尽渴慕之能事的俗语都由"石榴裙"而来，而且一直沿用到今天。石榴裙就是朱红色的裙子，热情如火，因此"石榴裙"就成为男女欢爱和爱情的象征了，男人"拜倒在石榴裙下"就是拜倒在这种热情如火的爱情之中，不是什么丢脸的事。

古诗中最早出现"石榴裙"这一意象的是南朝梁何思澄的《南苑逢美人》一诗："风卷葡萄带，日照石榴裙。"梁元帝萧绎也在《乌栖曲》中吟道："交龙成锦斗凤纹，芙蓉为带石榴裙。日下城南两相望，月没参横掩罗帐。"到了唐代，石榴裙更成为妇女的流行服饰，唐诗中开始大量出现"石榴裙"的意象。杜审言《戏赠赵使君美人》："红粉青娥映楚云，桃花马上石榴裙。"白居易《官宅》："移舟木兰棹，行酒石榴裙。"万楚《五日观妓》："眉黛夺将萱草色，红裙妒杀石榴花。"由此可见，石榴裙这种服饰甚至已经成为青楼妓女的惯常装束了。

不仅仅中下层妇女穿着石榴裙，石榴裙也是上流社会的流行服装。请看武则天的著名诗篇《如意娘》："看朱成碧思纷纷，憔悴支离为忆君。不信比来常下泪，开箱验取石榴裙。"你能相信这是中国历史上唯一的女皇帝写的诗吗？

不过，写这首情诗的时候，武则天还没有当上女皇帝。

十四岁时，武则天的美貌传到了唐太宗李世民的耳朵

女十一娘供養

女十三娘供養

《都督夫人礼佛图》，甘肃敦煌莫高窟一三〇窟壁画，盛唐。此为段文杰摹本，敦煌研究院藏。

敦煌壁画中有很多供养人画像，这幅是唐代供养人画像中规模最大的，前三人为主人，后面簇拥着较小的九位奴婢。主人均有榜题，最华丽的第一身题为"都督夫人太原王氏"，第二身和第三身是她的女儿"十一娘"和"十三娘"。人物身量递减，显示出等级之森严。

这位王氏是天宝十二年（753）前后出任晋昌郡都督的乐庭瓌（guī）的夫人。

她上着交领团花襦和半臂，肩搭帔巾，下着织花曳地石榴红裙，脚踩笏头履，峨髻高牟，发上簪花，间插钗梳，描桂叶眉，腮染轻红，丰容肥颊，雪肤樱唇，与《簪花仕女图》中的贵妇颇相仿佛。身后两个女儿亦盛装打扮，加上九名侍婢，各依年龄结不同发式，或捧花，或持扇，端的是花团锦簇。

被画入壁画的想必是王夫人当年最得意的一身装束吧。那条石榴裙真是美艳夺目，可知"眉黛夺将萱草色，红裙妒杀石榴花"之句毫不夸张。她所供养的菩萨不会妒忌这锦绣般的人间富贵吗？

里，李世民将她召入宫中，封为才人，赐号武媚。李世民驾崩后，武则天和其他妃嫔一起被送入感业寺当了尼姑。此前武则天早已和太子李治相识，李治和父亲一样垂涎于武则天的美貌，甚至早在父亲生前就和武则天暗通款曲。李治即位后，经常往来于感业寺，就在这座尼姑庵里，当朝皇帝和父皇的前任妃嫔颠鸾倒凤，使得感业寺风月无边。

　　武则天一共在感业寺待了三年。三年中，每当李治离去、自己独居的日子，这位野心勃勃的武媚娘被相思折磨得无法成眠，于是，在某一天苦苦相思的时候，武则天给情人皇帝写了一首情诗，就是这首《如意娘》。凡是稍微了解一点武则天的读者大概都会对这首诗惊诧不已，因为武则天在人们的心目中一直是个女强人，但是《如意娘》却充满了柔情蜜意，简直像出自一个柔弱至极的小女子之手。不过想想也就了然了，那时武则天方才二十岁不到，正是思春的好时节，离她独揽大权的时间还远得很呢。武则天"开箱验取石榴裙"是为了让李治看到自己滴落到石榴裙上的泪痕，这条红裙被武则天压在箱底，只在思念的时候才拿出来一穿，可见"石榴裙"上所附着的意象该是多么地动人啊！怪不得男人们都愿意"拜倒在石榴裙下"，"石榴裙下死，做鬼也风流"呢！

曼陀罗 / 天花竟然被制成了蒙汗药

Plate LXVII

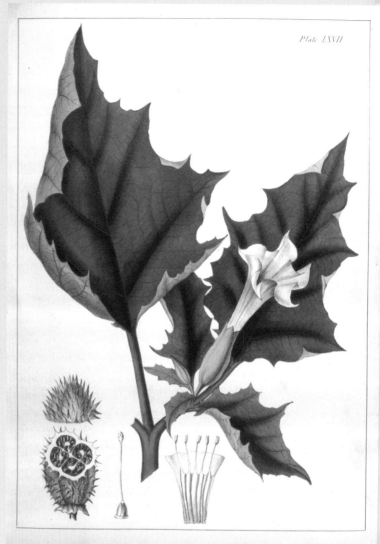

DATURA STRAMONIUM.

植物在丝绸的路上穿行

"曼陀罗"，出自《药用植物学图鉴》，约瑟夫·卡森、J. H. 科伦著、绘，美国费城，1847年。

约瑟夫·卡森（1808—1876），美国宾夕法尼亚州费城的医生、教育家，执教于宾夕法尼亚大学，1838年成为费城医学院院士。他也是费城医学会、自然科学院和美国哲学学会的成员。

曼陀罗（拉丁名：*Datura stramonium*），俗称醉心花、闹羊花、野麻子、洋金花、万桃花、狗核桃、枫茄花等，茄科曼陀罗属草本或亚灌木植物。

叶宽卵形，顶端渐尖，基部不对称楔形，缘有不规则波状浅裂，裂片三角形。花常单生于枝分叉处或叶腋，直立；花萼筒状，有5棱角；花冠漏斗状，下部淡绿色，上部白色或紫色；雄蕊5；子房卵形，不完全4室。蒴果直立，卵状，被坚硬针刺或无刺，成熟后淡黄色，4瓣裂。种子卵圆形，黑色。花期6—10月，果期7—11月。原产墨西哥，我国各地及世界各大洲均有栽培并已野化，生于宅旁、路边、草地。全株有毒，含莨菪碱，有镇痉、麻醉等药效。

佛经《妙法莲华经》卷一中栩栩如生地描绘了佛陀释迦牟尼为诸菩萨讲解《大乘经》后的生动场景："佛说此经已，结跏趺坐，入于无量义处三昧，身心不动。是时天雨曼陀罗华、摩诃曼陀罗华、曼殊沙华、摩诃曼殊沙华，而散佛上，及诸大众。普佛世界，六种震动。"

佛教中，修行者的标准坐姿是两足交叉置于左右股上，这就叫"结跏趺坐"。"跏"的本义是脚向里弯曲，"趺"的本义是脚背，"跏趺"即指两脚向里弯曲，脚背朝下的坐姿。

佛陀此经一讲完，天上降下四种奇花，分别为：曼陀罗华、摩诃曼陀罗华、曼殊沙华、摩诃曼殊沙华。曼陀罗花是一年生草本植物，别名风茄儿、洋金花；曼殊沙花即石蒜花，俗称龙爪花，石蒜科多年生草本植物。"摩诃"是梵语译音，意为大、多、胜，可见乃是天上之花。

不过也有人认为曼殊沙花指红花石蒜，曼陀罗花指白花石蒜，而"曼陀罗"才指茄科的风茄儿。这种区别早已被后人混淆了。

佛陀讲完经后的这一幕景象，就是我们现在经常使用的成语"天花乱坠"的原始出处。在佛教中，"天花乱坠"本来是指讲经讲到妙处感动了上天，因而降下的一种吉祥景象，《大乘本生心地观经》中同样记载了这种奇异的天象："六欲诸天来供养，天华（花）乱坠遍虚空。"包括四种奇花在内的更多的天花"于虚空中缤纷乱坠"，恰是"天花乱坠"这一奇景的形象写照。

但是因为佛教是从印度传来的外来宗教，中国人不相信这种奇异的天象，所以后来就把出自佛经的"天花乱坠"一词歪曲成光会说漂亮话却不切实际的意思。这是汉语中一个褒义词转变成贬义词的有趣案例。

但是"天花"毕竟是一种非常美丽的意象，因此红色、黄色、白色的纯洁的佛教之花同样成为中国传统文化的经典意象。宋代诗人杨杰《雨花台》一诗中有四句吟咏"天花"："贝叶深山译，曼花半夜飞。香清虽透笔，蕊散不沾衣。""贝叶"指佛经，佛经在深山中传译；"曼花"即曼陀罗花。苏辙也有一首《雨花岩》专咏"天花"："岩花不可攀，翔蕊久未堕。忽下幽人前，知子观空坐。"其中"翔蕊"描写的就是"天花乱坠"的美丽景象。

曼陀罗或者曼陀罗花原产何地？什么时候传入中国？这两个问题看似简单，却引发了中外学者的聚讼纷纭。

南宋末年学者周密在《癸辛杂识续集》中有"押不芦"一条，其中写道，回教国家以西数千里地面上，"产一物极毒，全类人形，若人参之状，其酋名之曰'押不芦'。生土中深数丈，人或误触之，着其毒气必死。取之法，先于四旁开大坎，可容人，然后以皮条络之，皮条之系则系于犬之足。既而用杖击逐犬，犬逸而根拔起，犬感毒气随毙。然后就埋土坎中，经岁，然后取出曝干，别用他药制之。每以少许磨酒饮人，则通身麻痹而死，虽加以刀斧亦不知也。至三日后，别以少药投之即活，盖古华陀能刳肠涤胃以治疾者，

植物在丝绸的路上穿行

必用此药也。"

这一段文字通俗易懂，不再译为白话文。在周密的笔下，"押不芦"可谓一种神奇的植物。"押不芦"是阿拉伯语的译音，劳费尔曾写有《押不芦》一文，详细考证这种植物的来龙去脉，并认定押不芦即"曼陀罗果"，即曼陀罗的果实。他还写道："曼陀罗果……其根形如纺缍，时常分叉。"正和周密"全类人形，若人参之状"的描述相仿。不过也有人认为"押不芦"并非曼陀罗果，而是茄参，又称毒参茄。

如果押不芦就是曼陀罗的果实，那么它的原产地就是阿拉伯地区，它经由波斯传入中国，时间在宋代之前。

有趣的是，周密推断三国名医华佗做手术时用的麻醉剂就由押不芦所制。

《列子·汤问》记载，鲁公扈和赵齐婴二人生了病，共同请战国名医扁鹊治疗。"扁鹊遂饮二人毒酒，迷死三日，剖胸探心，易而置之，投以神药，既悟如初。"扁鹊的毒酒可以使病人"迷死三日"，"剖胸探心"的手术从而顺利实施。

《宣梵雨花图》，元代佚名绘，绢本设色，台北故宫博物院藏。

这幅画可以说是杨杰《雨花台》中诗句"贝叶深山译，曼花半夜飞。香清虽透笔，蕊散不沾衣"的生动具现。画中一位高鼻深目、肤色黝黑、毛发浓密的梵僧半跏趺坐于岩石之上。他头罩披巾，耳垂金环，双目圆睁，眉头紧锁，正在聚精会神地诵读或研习手中的"贝叶"。脑后的圆光显示着高深修为，双手捧持的梵文经卷亦隐隐有光芒透出。研读至精微妙处，深色的空中顿时花朵缤纷，乱坠如雨。一只神态虔诚的白猿不由伸手承接。按佛经的说法，这些于虚空中缤纷乱坠的天花肯定包括曼陀罗花。

画作工丽严谨，敷色古淡，沉着肃穆。人物的五官、衣着，以及白猿、山石的描绘均一丝不苟，唯有空中的花朵虽然勾画细致、设色柔美，却让人分辨不出具体种类。大约神圣之花非凡花可比。

梵僧画的传统始于东晋，在中国古代画史上源远流长。不过本幅的画法、设色与早期同类作品大异其趣。绘者对梵僧的五官层层晕染，以浓淡变化和明暗对比刻画出脸部轮廓的深邃，形貌逼真如肖像画，不禁让人怀疑是否真有所本。元代时中外交流频繁，有不少天竺人、西域人在华活动，画中的梵僧很可能就是作者依据他接触过的印度人形貌来绘制的。同时代的赵孟𫖯亦"颇尝与天竺僧游，故于罗汉像自谓有得"。

植物在丝绸的路上穿行

曼陀罗

到了三国时期，据《后汉书·方术传·华佗》："若疾发结于内，针药所不能及者，乃令先以酒服麻沸散，既醉无所觉，因刳破腹背，抽割积聚。若在肠胃，则断截湔洗，除去疾秽，既而缝合，傅以神膏，四五日创愈，一月之间皆平复。"描述的乃是名医华佗的神技，"麻沸散"就是华佗实施外科手术时所用的麻醉药。

　　那么，扁鹊的毒酒和华佗的麻沸散的主要成分是什么呢？史籍并无记载，周密的推断只不过属于他自己的猜测而已。

　　直到宋代，曼陀罗的名字才开始进入人们的视野。宋代医学家窦材著有《扁鹊心书》，在"神方"一节中录入了"睡圣散"这种麻醉剂，此药剂由山茄花和火麻花制成，"人难忍艾火灸痛，服此即昏睡，不知痛，亦不伤人"。山茄花即曼陀罗花；火麻即大麻、黄麻。

　　曼陀罗花为什么可以当作麻醉剂呢？这是因为曼陀罗是一种有毒植物，整株都有毒，尤以种子的毒性最大。曼陀罗花的主要有毒成分为莨菪碱、东莨菪碱及少量阿托品，起麻醉作用的主要是东莨菪碱，剧毒，甚至被哥伦比亚毒

　　　　　　　　　　　　植物在丝绸的路上穿行

枭俗称为"魔鬼的呼吸"，在中国的花语体系中，曼陀罗花则被呼为"恶客"。

曼陀罗的拉丁学名是 *Datura stramonium*，*stramonium* 的意思是能使人癫狂的麻痹性的毒草。李时珍在《本草纲目》中说"曼陀罗"其名来自梵语："《法华经》言：'佛说法时，天雨曼陀罗花。'又道家北斗有陀罗星使者，手执此花。故后人因以名花。曼陀罗，梵言杂色也。"

由《扁鹊心书》的记载可知，至迟在宋代，曼陀罗已经作为麻醉剂进入古代中国的医学系统。而曼陀罗花的名字，则早在公元五世纪的后秦时期就由印度传入了汉语的词汇库，因为出现"曼陀罗华"一词的《妙法莲华经》就是由后秦的著名译经家鸠摩罗什译出的。

关于曼陀罗花的麻醉性，《扁鹊心书》的记载非常有趣："收此二花时，必须端庄闭口，齐手足采之。若二人去，或笑，或言语，服后亦即笑，即言语矣。"李时珍在《本草纲目》中的描述更加生动："相传此花笑采酿酒饮，令人笑；舞采酿酒饮，令人舞。予尝试之，饮须半酣，更令一人或笑或舞引之，乃验也。"

采摘曼陀罗花的时候，如果含着笑意采摘，酿酒饮此花，则会一直傻笑下去；如果手舞足蹈地采摘，酿酒饮此花，则会一直舞蹈下去。李时珍很好奇，向尝百草的神农学习，自己以身试药，得出的结论是：以花下酒，须饮到半酣，派一人或笑或舞，在面前引诱，自己被幻觉支配，就会不由自主地跟着笑或舞个不停。确知性状之后，李时珍从医学的角度总结说："八月采此花，七月采火麻子花，阴干，等分为末。热酒调服三钱，少顷昏昏如醉。割疮灸火，宜先服此，则不觉苦也。"

南宋学者周去非所著《岭外代答》中对曼陀罗花有一段著名的描述："广西曼陀罗花，遍生原野，大叶白花，结实如茄子，而遍生小刺，乃药人草也。盗贼采干而末之，以置人饮食，使之醉闷，则挈箧而趋。"

盗贼将采来的曼陀罗花阴干后碾成粉末，偷偷地放入人的饮食之中，就会使人"醉闷"，从而可以从容地"挈箧而趋"，提起昏迷之人的箱子就跑。

周去非这段短短的描述催生了人们对于《水浒传》中屡屡现身的"蒙汗药"的大胆想象。《水浒传》中，凡下

　　　　　　　　　植物在丝绸的路上穿行

蒙汗药者，必下到酒中，比如智取生辰纲，比如十字坡对付武松。让我们联想一下扁鹊的毒酒，华佗的"以酒服麻沸散"，李时珍的"笑采酿酒饮，令人笑；舞采酿酒饮，令人舞"，周去非的"使之醉闷"……显然，曼陀罗花末需要以酒调和才能发挥最大的药效。

北宋司马光所著《涑水记闻》卷三记载了一则故事："杜杞字伟长，为湖南转运副使。五溪蛮反，杞以金帛、官爵诱出之，因为设宴，饮以曼陀罗酒，昏醉，尽杀之，凡数十人。"所谓曼陀罗酒，即以曼陀罗花的粉末置入酒中。这一记载与蒙汗药的功效若合符节。

据现代药理分析，曼陀罗花的主要成分之一东莨菪碱对汗腺分泌的抑制作用极强，被人体的胃肠道迅速吸收后，在肝内即可完全代谢，根本来不及通过汗腺和尿液排出；而"蒙汗药"之"蒙"，意为遮蔽、覆盖，"蒙汗"即意味着汗腺分泌受到极强的抑制，药迅速发生作用，使人陷入麻醉状态。这一命名可谓精确而形象！

既是毒药，便有解药。《水浒传》中描写十字坡押解武松的两个公差被麻翻后，"孙二娘便去调一碗解药来，张青扯住耳朵，灌将下去。没半个时辰，两个公人如梦中睡觉的一般，爬将起来"。这个解药不是别的，正是唐代药王孙思邈在《千金要方》中所说"甘草解百药毒"的甘草。甘草解毒，更早还能够追溯到东汉名医张仲景所著《金匮要略》，他在《果实菜谷禁忌并治》中写道："菜中有水莨菪，叶圆而光，有毒，误食之，令人狂乱，状如中风，或吐血，治之方：甘草煮汁，服之即解。"解蒙汗药的东莨菪碱之毒，必是用甘草汁无疑。

关于蒙汗药的成分，还有一条有趣的佐证，不过这一佐证来自莎士比亚的戏剧《安东尼与克莉奥佩特拉》。

东西方的曼陀罗花是从西亚分头传入的，欧洲传入的时间要早于中国。在这部著名的戏剧中，罗马执政三巨头之一的安东尼和埃及艳后克莉奥佩特拉热恋，缠绵之后，安东尼返回罗马，克莉奥佩特拉相思成疾，害上了失眠症，辗转反侧，无法入睡。于是克莉奥佩特拉打着呵欠吩咐太监："呵呵。给我喝一些曼陀罗汁。我的安东尼去了，让我把这一段长长的时间昏睡过去吧。"（朱生豪译）欧洲人和非洲人真是直肠子，曼陀罗花酿成的汁液干脆直接就叫"曼

　　　　　　　　　　植物在丝绸的路上穿行

陀罗汁",而且当作浪漫爱情的添加剂；心有七窍的中国人却把它用作谋财害命的拿手工具，还给它起了一个令人心惊肉跳的艺名"蒙汗药"。安东尼会满怀柔情地说"美人赠我曼陀罗汁"，武松却会咬牙切齿地说"美人赠我蒙汗药"。东西方文化的差距真是势如鸿沟。

《喀耳刻》，约翰·威廉·沃特豪斯绘，1891年，英国奥尔德姆美术馆藏。

喀耳刻，又译作赛丝、瑟茜，是古希腊神话中著名的邪恶女神。她是古太阳神赫利俄斯与海神之女珀耳塞伊斯的女儿，一头红发，貌美妖娆，擅长将魔咒施加于药草，以操纵强大的黑魔法、变形术及幻术而闻名。

在《奥德赛》的故事中，奥德修斯一行人在返回国土的途中来到了喀耳刻所在的艾尤岛。孤独的喀耳刻爱上了奥德修斯，为了把爱人留在身边，她用药水令其随行船员变成了猪猡，奥德修斯用赫尔墨斯送的"生命草"才躲过一劫。这幅画描绘的是喀耳刻将装有毒液的杯子递给奥德修斯一幕。从镜子中可以看到奥德修斯狐疑的面孔。喀耳刻身边围绕着用幻术变出来的异兽，脚边散落着制作毒液的药草、癞蛤蟆等材料，曼陀罗花或果大概也在其中吧。

后来，喀耳刻又用一种以植物制成的香料让船员们恢复了人形，据说用了天仙子、曼陀罗或颠茄。真是神乎其技，这可比"蒙汗药"厉害多了。再后来喀耳刻的名字成为女巫、女妖、魔女、巫婆等的代名词。

曼陀罗的历史与巫术紧密相连。据说在欧洲，吉卜赛人走到哪里，就靠着巫术把曼陀罗带到哪里。

黄瓜 / 大一统的国家命名

"黄瓜"，出自《奇特草药志》第一卷，伊丽莎白·布莱克韦尔绘，英国伦敦，1737—1739年出版。

伊丽莎白·布莱克韦尔（1707—1758），苏格兰植物画家，第一位独立出版草药志的女性。《奇特草药志》是一部详述植物药用特性的百科全书，内含参照活体标本绘制的五百幅药用植物插图，每一幅都由她亲自绘制、雕刻并手工上色。作品获得了巨大成功，她用出版植物画的收益将破产的丈夫从监狱中解救了出来。

这幅植物画描绘的是黄瓜本种。黄瓜（拉丁名：*Cucumis sativus*），也称胡瓜、青瓜、刺瓜等，葫芦科黄瓜属一年生攀缘草本植物。茎蔓生，五角状心形叶子互生，茎和叶都长有细毛。花黄色，雌雄同株异花。果实圆柱形，有棱或无棱，成熟时墨绿或黄绿色，通常有刺，刺基常有瘤状突起。黄瓜起源于印度，现在广泛种植于温带和热带地区，是各地主要蔬菜品种之一。

植物在丝绸的路上穿行

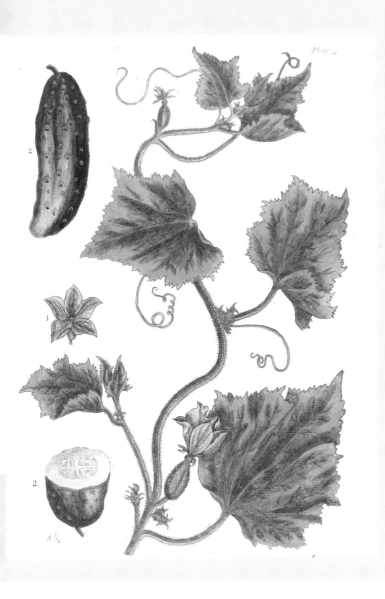

Plate 4

黄 瓜

日常生活中，黄瓜是一种大家非常熟悉的瓜果菜茹。鲜为人知的是，黄瓜也是经由丝绸之路传入中国的。

古代中国人最早把黄瓜叫作"胡瓜"，"胡"到底指的是哪个国家？有的植物学家认为黄瓜的原产地是印度，因此这个"胡"就是指印度；劳费尔在《中国伊朗编》一书中则认为黄瓜"属于埃及西亚细亚栽种范围之内"，经由伊朗传入中国，按照这种说法，"胡"指的就是伊朗。

在开始讲述黄瓜传入中国的故事之前，需要梳理一下源远流长的中国瓜文化，因为如果不了解"瓜"在中国文化谱系中的象征含义，就无法理解"胡瓜"为何更名为"黄

植物在丝绸的路上穿行

瓜"这一怪异的历史公案——众所周知,黄瓜明明是绿色的,为什么偏偏要叫"黄"瓜呢?

甲骨文中没有"瓜"字,这说明"瓜"是个后起的字。看"瓜"的金文字形(图1),很明显这是一个象形字,两边像瓜蔓,中间像果实,藤上结瓜。小篆字形(图2)跟今天我们使用的"瓜"字没有任何区别。

图1   图2

《诗经·大雅》中有一首名为《绵》的诗,乃是周人记述他们的祖先古公亶父事迹的诗,开头就吟咏道:"绵绵瓜瓞,民之初生,自土沮漆。"南宋著名学者朱熹在《诗集传》中解释说:"绵绵,不绝貌。大曰瓜,小曰瓞。瓜之近本初生者常小,其蔓不绝,至末而后大也……言瓜之先小后大,以比周人始生于漆、沮之上。""瓞(dié)"即小瓜。这几句诗,马持盈先生的白话译文为:"绵绵瓜瓞，是继继续续越长越大地在发展。周民的始祖，是从沮、漆二水的地区中慢慢发展的。"

"绵绵瓜瓞"一词遂用来比喻子孙繁衍，相继不绝，相应地，瓜瓞纹也成为中国传统的吉祥图案。瞿明安先生所著《隐藏民族灵魂的符号》一书中总结道："瓜是一种蔓生植物，藤蔓绵长，其外形浑圆颇似孕妇的腹部，其体内多结子实，且长得具有一定的重量，瓜的外形和内涵经人们的想象而成为象征生育和祈子的又一种重要的吉祥食物。"

这就是"瓜"在中国文化谱系中的象征含义。

"胡瓜"其名，最早见于南北朝时期北魏贾思勰所著《齐民要术》一书，该书中记载有"种越瓜、胡瓜法"："四月中种之。胡瓜宜竖柴木，令引蔓缘之。"《齐民要术》大约成书于北魏末年，公元六世纪，也就是说，"胡瓜"传入中国，当在公元六世纪之前。

李时珍在《本草纲目》中说："张骞使西域得种，故名胡瓜。"针对这一记载，劳费尔在《中国伊朗编》一书中评价道："张骞狂的人们还有一个教条：认为这位名将给他的国人带回了胡瓜（伊朗瓜）或黄瓜。这个看法所根

植物在丝绸的路上穿行

据的唯一文件是后来李时珍的作品，他大胆说出这话而没有引证早年的材料为根据。诚然，早年的材料实在没有：这一小掌故是望文生义的捏造，是仅仅从'胡瓜'这个名称联想而来的。任何带有形容词'胡'字的植物都归根结蒂硬加在张骞的头上，这是解决难题的最简易的方法，也是省得多费脑筋的好法子。"

不得不说，劳费尔的质疑是正确的，这就是我们在本书中屡屡提及的"张骞狂"现象，以至于张骞物种输入的功绩甚至成了古代中国人的一种信仰，却与真实的历史无关。

那么，"胡瓜"的称呼明明叫得好好的，为什么偏偏非要改名叫"黄瓜"呢？《齐民要术》中说："收胡瓜，候色黄则摘；若待色赤，则皮存而肉消也。"这一记载很奇怪，因为我们知道，色黄则老，老了的黄瓜是不能吃的，而贾思勰竟然说还有色赤的黄瓜！按照常识，黄瓜放得再久，即使"皮存而肉消"，也绝不可能表皮变成红色。更重要的是，绿色乃是黄瓜的主色调，这也是黄瓜还有一个别名叫"青瓜"的原因所在，青者，深绿色也。

因此，更名为"黄瓜"并非因为黄瓜色黄，事实上，黄瓜呈油绿或翠绿色，如果一定要按照颜色来更名，更应该叫"绿瓜"。既然如此，"胡瓜"更名为"黄瓜"，一定另有原因。

在《本草纲目》一书中，李时珍记载了"黄瓜"其名的两个出处："藏器曰：北人避石勒讳，改呼黄瓜，至今因之。"陈藏器是唐代著名医学家，石勒是十六国时期后赵的开国皇帝。石勒属于羯族，避讳"胡"字，因而"胡瓜"改名"黄瓜"。

其二为："杜宝《拾遗录》云：'隋大业四年避讳，改胡瓜为黄瓜。'与陈氏之说微异。"唐人杜宝还著有《大业杂记》一书，其中写道："（隋炀帝大业四年）九月，自塞北还至东都，改胡床为交床，改胡瓜为白露黄瓜，改茄子为昆仑紫瓜。"

"胡床"可不是指我们现在睡觉的床，而是一种可以折叠的轻便行军椅，自印度传入，故称"胡床"。隋炀帝更名为"交床"，取其四足相交之意，其实就是中国式的马扎加上一个靠背而已。

至于"改胡瓜为白露黄瓜"，白露是二十四节气之一，

植物在丝绸的路上穿行

每年阳历的九月八日前后，此时黄瓜开始收获，故有此称。

唐代史学家吴兢在《贞观政要·慎所好》中也有同样的记载："贞观四年，太宗曰：'隋炀帝性好猜防，专信邪道，大忌胡人，乃至谓胡床为交床，胡瓜为黄瓜，筑长城以避胡。'"载明"胡瓜"改名为"黄瓜"乃是隋炀帝所为。

网络等媒体上有一个广为流传的说法，先引录于下："石勒制定了一条法令：无论说话写文章，一律严禁出现'胡'字，违者问斩不赦。有一天，石勒在单于庭召见地方官员，当他看到襄国郡守樊坦穿着打了补丁的破衣服来见他时，很不满意。他劈头就问：'樊坦，你为何衣冠不整就来朝见？'樊坦慌乱之中不知如何回答是好，随口答道：'这都怪胡人没道义，把衣物都抢掠去了，害得我只好褴褛来朝。'他刚说完，就意识到自己犯了禁，急忙叩头请罪。石勒见他知罪，也就不再指责。等到召见后例行'御赐午膳'时，石勒又指着一盘胡瓜问樊坦：'卿知此物何名？'樊坦看出这是石勒故意在考问他，便恭恭敬敬地回答道：'紫案佳肴，银杯绿茶，金樽甘露，玉盘黄瓜。'石勒听后，满意地笑了。自此以后，胡瓜就被称作黄瓜，在朝野之中

《锁谏图》（局部），明代佚名绘，绢本设色长卷，美国弗利尔美术馆藏。

此卷旧传为唐代大画家阎立本所绘，技法高超，设色古淡，运笔如屈铁丝，人物动作神情刻画入微。画中表现的是十六国时期廷尉陈元达将自己锁于树干上，冒死向汉赵皇帝刘聪进谏的故事。

植物在丝绸的路上穿行

刘聪（？—318）为匈奴人，十六国时汉赵国君，310—318年在位。他自幼博览经史，深受汉化，创建了一套汉族、少数民族分治的政治体制，同时又大肆杀戮，残暴荒淫。公元313年，刘聪立贵嫔刘娥为皇后，命人修建宏丽的凤仪殿。廷尉陈元达犯颜进谏，刘聪大怒，幸亏刘皇后及时劝阻，陈元达才得免一死。这一段画面上，刘聪赤足踞坐，满面恚怒，刘皇后匆匆赶来，欲行规劝。人物服饰民族特色杂糅。

与"黄瓜"得名有关的后赵明帝石勒（274—333）出身羯族，先后事汉赵刘渊、刘聪和前赵刘曜，从一个遭受虐待的奴隶成长为一代开国皇帝。与刘聪不同，他本人不识汉字，却颇为亲近汉文化，重视文教，喜听儒生讲史，也因此流传下来不少逸事。

传开了。"

这个故事虽然生动，但属于无稽之谈，因为根本没有出处，不知道是哪位的随意杜撰，竟然成为流行答案，今人读书之不求甚解，于此可见一斑。

《晋书·石勒载记》中记载了一个故事："勒以参军樊垣清贫，擢授章武内史。既而入辞，勒见垣衣冠弊坏，大惊曰：'樊参军何贫之甚也！'垣性诚朴，率然而对曰：'顷遭羯贼无道，资财荡尽。'勒笑曰：'羯贼乃尔暴掠邪！今当相偿耳。'垣大惧，叩头泣谢。勒曰：'孤律自防俗士，不关卿辈老书生也。'赐车马衣服装钱三百万，以励贪俗。"

"樊垣"在一些版本中亦作"樊坦"，上面的故事当是由此演义而来，而将"章武内史"误为"襄国郡守"，可见纯属杜撰。在和石勒的对话中，樊垣之所以大惧，是因为"羯贼"的称谓，石勒正属羯族，正好犯了忌讳。

相对于"北人避石勒讳，改呼黄瓜"的说法，杜宝和吴兢的记载更为可信。隋王室有鲜卑血统，统一中国之后，"讳胡"乃是可以理解之事，因此隋炀帝才将涉"胡"的字词一律更换。不过"黄瓜"是绿色，隋炀帝为何改字为"黄"

植物在丝绸的路上穿行

呢？上述记载都没有给出说明。这要从中国古代的五色系统说起。

中国古代把颜色分为正色和间色两种，正色指青、赤、黄、白、黑五种纯正的颜色，间色指绀（gàn，红青色）、红（浅红色）、缥（piǎo，淡青色）、紫、流黄（褐黄色）五种正色混合而成的颜色。正色和间色成为明贵贱、辨等级的工具，要求非常严格，丝毫不得混用。

而在五种正色之中，按照五行学说，黄为土色，位在中央，因此黄色属于中央之色。隋朝以少数民族的鲜卑血统统一中国，隋炀帝正是为了宣示隋王室统治的正统性，才无视"黄瓜"之绿色而改为"黄"。这才是"胡瓜"之所以改为"黄瓜"的真正语源，也正是我在本文标题中所称的"大一统的国家命名"方式。同时，将"胡瓜"之"胡"除去，将"胡瓜"嫁接入正统的中国瓜文化的象征谱系，寄寓着隋王室"绵绵瓜瓞"、子子孙孙、永葆江山的美好祈愿。

不过，纵观历朝历代，"胡瓜"和"黄瓜"的名称并行不悖，而这两个名称的分布规律也极为有趣，张平真先生所著《中国蔬菜名称考释》一书中对此进行了总结："追寻其规律，大概是这样：在隋朝以后，凡属汉族居统治地位的时期，多以古称'胡瓜'为正名，凡属少数民族居统治地位的时期，其官方均以讳称'黄瓜'为正名；而在民间，北方人或在北方人的著述中，多称其讳称'黄瓜'称谓，但南方人或在南方人的著作中，则多沿用古称'胡瓜'。进入民国，又恢复'胡瓜'的古称。现在则改以'黄瓜'为正式名称。"

《圣母和圣婴》，卡洛·克里韦利绘，木板蛋彩画，约1480年，美国大都会艺术博物馆藏。

卡洛·克里韦利（？—1495），文艺复兴时期意大利画家，其宗教题材作品带有一种晚期哥特式装饰感。这幅祭坛画绘制于木板上，掺以金箔，圣母柔和的脸庞与华美的衣饰相互映衬，圣婴的手脚小得不可思议，顶部硕大的瓜果挂饰和栏杆上停着的苍蝇则非常逼真。青翠的风景背景、水果装饰图案、清晰的轮廓、鲜明的细节都是画家的风格特色。

画面充满了精心设计的寓言细节：苹果和苍蝇分别是原罪和邪恶的象征，而圣婴手中的金翅雀和顶部的黄瓜则象征着救赎。《圣经·旧约》中就提到过黄瓜这种古老食材。罗马帝国时代人们已经采用类似温室的方法栽培黄瓜了。九世纪的法国和十四世纪的英国前后出现了黄瓜种植记录。意大利还有一个民间传统节日"黄瓜节"，每年7月第一个星期日举行。画上的黄瓜看似并非清脆可口宜生吃的品种，更像是被称为"棱瓜"的水分较少宜腌渍的品种。

OPVS·KAROLI·CRIVELLI·VENETI

红蓝花 ／ 胭脂传奇

植物在丝绸的路上穿行

"红花"，出自《植物学名录》第二卷，西德纳姆·爱德华兹绘，英国伦敦，1816年。

西德纳姆·爱德华兹（1768—1819），著名的英国博物画家，一生创作了大量博物画。他的作品影响很大，启发了当时的陶艺装饰。他的墓碑上镌刻着："作为自然的忠实描绘者，无人能与之匹敌，无人超越。"

红花（拉丁名：*Carthamus tinctorius*），俗称刺红花、红蓝花、草红花，菊科红花属一年生草本植物。茎直立，无毛，上部分枝。叶长椭圆形或卵状披针形，无柄，基部抱茎，边缘羽状齿裂，齿端有针刺。头状花序排成伞房状，总苞卵圆形，总苞片四层，外层竖琴状，基部以上稍收缩，绿色，筒状小花红或橘红色。瘦果倒卵圆形，乳白色。花果期5—8月。原产埃及，我国庭园和药圃中常见栽培。花入药，有活血通经功效；同时花中含的红色素是中国古代红色染织物的色素原料，明代宋应星在《天工开物》一书中记载了由红花中提纯红色素的工艺。

红蓝花

红蓝花是别名，学名即红花。红花而别称红蓝花，据李时珍引述宋代药物学著作《图经本草》的说法："其花红色，叶颇似蓝，故有蓝名。""红蓝"不是指红色和蓝色两种颜色，而是植物的名字，这种植物属于菊科一年生草本植物，高三四尺，夏季开红黄色花，叶子蓝色，故称"红蓝"。

李时珍在《本草纲目》中还记载了一种番红花，出产自波斯等西域国家，"即彼地红蓝花也"。他又说："张华《博物志》言：张骞得红蓝花种于西域。则此即一种，或方域地气稍有异耳。"李时珍将这两种红花混淆为一种。其实，红花属于菊科，而番红花则属于鸢尾科。

　　　　　　　　　　植物在丝绸的路上穿行

番红花又有别名藏红花，这个别名直到今天还在使用，意思是来自西藏的红花。但这个别名属于误解。劳费尔在《中国伊朗编》一书中正确地辨析道："红花不是在西藏种植的……这名字只意味着红花是由西藏运到中国内地，主要运到北京；但西藏并不出产红花，只是从喀什米尔输入到那里而已……汉人把红花看作西藏人赠送的最贵重的药材，'藏香'次之。"

关于番红花的原产地，劳费尔记载："从久远的年代起它在亚洲西部就一直是人工栽培的，因此没有听说有过野生的。过去它是非常贵重的物品，大半只限王侯和上层阶级使用，因此常有冒牌货和代替品。在印度是用红蓝冒充的。"这就是李时珍混淆两种红花的原因所在。

李时珍紧接着又说："元时，以入食馔用。"很明显，番红花是作为调味品掺在食物中食用的，而且，这句话也说明番红花在元代方才传入中国，那么，早在汉代的所谓"张骞得红蓝花种于西域"的说法就属于无稽之谈，仍然属于"张骞狂"的崇拜症。

本文所讲述的红花则为菊科的红花，以下概以"红蓝"称之。

"红蓝"其名最早出自西晋学者崔豹所著《古今注》一书，该书中写道："燕支，叶似蓟，花似蒲公。出西方。土人以染，名为燕支，中国人谓之红蓝，以染粉为面色，谓为燕支粉。今人以重绛为燕支，非燕支花所染也。燕支花所染，自为红蓝尔。旧谓赤白之间为红，即今所谓红蓝也。""叶似蓟"，蓟（jì）也属菊科植物，叶有刺和白色软毛；"花似蒲公"，开的花像蒲公英；"重绛"也是一种可以染色的草。

　　这段记载极为重要，因为既然"中国人谓之红蓝"，那么"出西方"的这种植物原名就一定是"燕支"，而这个词后来被"胭脂"取代。同时，这段记载也说明，红蓝于晋代之前已传入中国。

　　唐代学者段公路曾供职于广州，著有《北户录》一书，专记岭南奇异的地方物产，其中"山花燕支"一条就引述了《古今注》的这段记载，晚唐学者崔龟图作注，又引述了西晋张华《博物志》失传的一条记载："《博物志》云：张骞使西域还，得大蒜、安石榴、胡桃、蒲桃、沙葱、苜蓿、胡荽、黄蓝——可作燕支也。红花亦出波斯、疏勒、河禄国。

今梁汉最上，每岁贡二万斤于织染署。"

"黄蓝"即红蓝。把红蓝以至所有的物种输入都归功于张骞，这已经是我们耳熟能详的故事了。不过，红蓝的原名为何称作"燕支"？这个疑问困扰了历朝历代、古今中外的学者。两汉间学者伏侯所著《中华古今注》中有一种非常别致的解释，可惜原书早已亡佚，李时珍在《本草纲目》中保存了这一解释："伏侯《中华古今注》云：燕脂起自纣，以红蓝花汁凝作之，调脂饰女面。产于燕地，故曰燕脂。"五代学者马缟所著《中华古今注》中也做了同样的解释，显然是秉承自伏侯："燕脂盖起自纣，以红蓝花汁凝作燕脂，以燕国所生，故曰燕脂，涂之作桃花妆。"

按照这一说法，殷纣王的时候就已经有了"燕脂"，那么最早的使用者一定就是那位著名的妲己了。因为产自燕国，故称"燕脂"。所谓"桃花妆"，由隋入唐的宇文士及所著《妆台方》中早就有过描述，原书也早已亡佚，明代学者顾起元在《说略》一书中保存了这条珍贵的资料："美人妆面，既傅粉，复以胭脂调匀掌中，施之两颊，浓者为酒晕妆，浅者为桃花妆，薄薄施朱以粉罩之为飞霞妆。

《唐人宫乐图》，唐代佚名绘，绢本设色，台北故宫博物院藏。

此图无款印，据推测原本可能是一幅小型屏风画，用以装点贵族人家的内室。风格上应受到唐代著名仕女人物画家张萱和周昉的影响。年代被断为晚唐，图中所绘绷竹席的长方案、腰子状月牙几子等器物均与晚唐的时尚相合。

画中描绘了十名宫廷贵女围坐于一张方形大案四周宴饮作乐。方桌正中是一个大茶釜，里面是煎好的茶汤。她们有的品茗，有的行令，有的奏乐。所持用的乐器有觱篥、琵琶、古筝与笙。旁立的二侍女中，有一人轻敲牙板，为她们打着节拍。有研究者认为这些女子的身份可能是宫廷乐师。她们个个体态丰腴，面如满月，衣着华美，打扮入时，气度雍容。

画中仕女均作元和"时式妆"的打扮。双眉作细细的八字形，开脸留"三白"，眉间贴"额黄"，两颊晕染薄薄的"桃花妆"，唇若樱颗，弹鬟慵髻，头插各式梳子。有好几人梳"堕马髻"。左边中央一人头戴花冠。她们神态慵懒，陶醉中带点漠然，似乎对这种宴乐场面习以为常。假如唐代有时尚丽人杂志，其中插页必定是这幅画的模样吧。如此艳丽的妆容多半要归功于红蓝花汁制成的胭脂。

红蓝花

梁简文诗云：'分妆间浅靥，绕脸傅斜红。'则斜红绕脸即古妆也。"从这一描述中可以想见桃花妆之美。

针对伏侯和马缟的观点，劳费尔尖锐地质疑道："这说法也是从语言上附会追加的。"因为中国古代典籍中并没有燕国出产红蓝的记载，"既没有说专门出产这植物，也没有说出产得特别多"。他进而得出结论："'燕支'绝对不是中国字，而是外国字的译音。这可以从古代写法'燕支'一词看出，因为这个词没有任何意义；'支'字是最常用来翻译外语的。这个词没有固定的写法，因此也更加证明它非中国词……我们还是只能假设它是从伊朗某地区移植来的，'燕支'是代表现在已不存在了的一种古伊朗方言里的一个词，或者是代表一个还无人知晓的伊朗字。"

劳费尔的观点很有道理，但中国古代的作家们却对这个暂时还无法确定其语源的词给予了有趣的附会，最有趣的附会就是匈奴单于和诸王妻、妾的称谓：阏氏。

"阏氏"的称谓最早出自《史记》，注解的学者们都称这个词的读音为 yān zhī。而最早将这个称谓和胭脂联系起来的人，乃是东晋著名史学家习凿齿。（习凿齿其名非常古怪，《山海经·海外南经》中曾有"羿与凿齿战于寿华之野"的记载，两晋间学者郭璞注解说："凿齿亦人也，齿如凿，长五六尺，因以名云。"也许习凿齿的牙齿长得确实如"凿"吧。）

习凿齿曾写有一封重要的书信《与燕王书》，但原信已佚，著名书法家虞世南在隋朝秘书郎任上所编的《北堂书钞》中引述了这封信里面的一小段文字："采红蓝用为颜色。习凿齿《与燕王书》曰：'此下有红蓝，足下先知之不？北方人采取其花染绯黄，采取其英，鲜者作烟支，妇人粉时为颜色。'"

段公路《北户录》则引用得更多，不过习凿齿所写书信的对象却变成了"谢侍中"："习凿齿《与谢侍中书》云：'此有红蓝，足下先知之否？北方人采取其花染绯黄，挼其上英鲜者作燕支，妇人妆时用作颊色。作此法，大如小豆许，而按令扁，色殊鲜明可爱。吾小时再三过见燕支，今日始睹红蓝耳，后当为足下致其种。匈奴名妻阏氏，言可爱如燕支也。阏字音燕，氏字音支。想足下先亦作此读《汉书》也？'"

习凿齿这封书信中说得非常清楚："阏氏"的读音正是 yān zhī，跟"燕支""燕脂""烟支""焉支"同音。习凿齿所说的焉支山，在今天的甘肃省山丹县东南，此山盛产红蓝，因此此地的风俗是妇女挤出红蓝的花汁制成化妆品。匈奴人把妻子称作"阏氏"就是用这种美丽的颜料来比喻，这就是"阏氏"的得名。在这一点上，游牧民族比汉人浪漫多了，汉人就知道叫个皇后或嫡妻，游牧民族却懂得用美丽的胭脂来称呼妻子。

汉武帝元狩二年（前121），匈奴被汉代名将霍去病击败，失去了祁连山和焉支山。《史记》司马贞索隐引述《西河旧事》的记载："（祁连）山在张掖、酒泉二界上，东西二百余里，南北百里，有松柏五木，美水草，冬温夏凉，宜畜牧。匈奴失二山，乃歌云：'亡我祁连山，使我六畜不蕃息；失我燕支山，使我嫁妇无颜色。'"这是一首著名的悲歌，歌里的祁连山是牧场，失去了祁连山，牲畜无法放牧；而焉支山盛产红蓝，失去了焉支山，妇女再无法化妆了。

不过，针对习凿齿的阏氏、胭脂谐音说，很多学者都

　　　　　　　　　　　　　　植物在丝绸的路上穿行

提出了不同意见。西北民族大学刘文性教授在《"阏氏"语义语源及读音之思考》一文中总结了林干、徐复、白鸟库吉等学者的观点之后，提出了自己的质疑。他认为"匈奴人阏氏一语的产生，最晚亦当在公元前230年以前"，而匈奴人占领焉支山则发生于公元前174年，"也就是说匈奴人是从公元前174年以后才开始用焉支山的红蓝花制成的胭脂饰面的，因为在此以前匈奴人还没有占领焉支山地区，也就不知道用胭脂饰面。这两件事情中间相差将近六十年之长，况阏氏产生在前，饰面在后，难道匈奴人具有先见之明，料定六十年后妇女必以胭脂饰面，故先称已婚女子为阏氏？而'谐音'论者说由于用胭脂饰面故称阏氏，明摆着是说饰面在先，称呼在后，岂不颠倒了历史！"

刘文性教授紧接着给出了自己的结论，他认为"阏氏"一词应该读作"遏迄"，"属于阿尔泰语系突厥语族语言中的词汇"，原意为"保管家财的人"，因此，"阏氏的由来，同匈奴妇女用红蓝花制成的胭脂饰面与否无涉，它不是胭脂的谐音词"。

刘文性教授关于"在此以前匈奴人还没有占领焉支山

地区，也就不知道用胭脂饰面"的论述过于武断，因为早期的匈奴并非一个单一民族，王国维先生在《鬼方昆夷猃狁考》一文中，从地理分布及音韵学方面加以论证，认为殷商时期的鬼方、混夷，周代时的猃狁，春秋时的戎、狄，战国时的胡，都是后世所谓的匈奴。而这些民族的活动区域毫无疑问包括焉支山地区，因此不能仅仅用匈奴在公元前174年占领焉支山地区后这一时间段来遽断此前的匈奴各部族"不知道用胭脂饰面"。

正如前文所述，劳费尔认为"'燕支'是代表现在已不存在了的一种古伊朗方言里的一个词，或者是代表一个还无人知晓的伊朗字"，匈奴所操的阿尔泰语系突厥语族，深受伊朗语的影响，因此"燕支"一词极有可能来自古伊朗方言中红蓝花的名称，而形成匈奴的某一支部族接受了这一名称，并将盛产红蓝花的焉支山命名为"焉支"，进而形成了以红蓝花所制的胭脂饰面的习俗，这一推论是合理的。从这一推论可知，"阏氏"和"胭脂"的谐音说也并非就是古代文人的附会之言。

至于用红蓝制作胭脂的方法，北魏农学家贾思勰所著

《齐民要术》中早有记载："摘取即碓捣使熟，以水淘，布袋绞去黄汁；更捣，以粟饭浆清而醋者淘之，又以布袋绞去汁，即收取染红勿弃也。绞讫，着瓮器中，以布盖上，鸡鸣更捣令均，于席上摊而曝干，胜作饼。作饼者不得干，令花浥郁也。"

红蓝花中有红色和黄色两种色素，因此要用布袋绞去黄汁，再用发酸的粟饭或淘米水进一步加以淘洗，才能彻底去除黄汁，从而得到完全为红色的花饼，也就是胭脂，就可以化"桃花妆"了。

现在制胭脂已经成为一种专门行业了，不过不再是从红蓝花中提取，而是从胭脂虫中提取。胭脂虫原产于墨西哥和中美洲国家，是一种昆虫，成虫体内含有大量的洋红酸，可以作为理想的天然染料，广泛地应用于食品、化妆品和药品等多种行业。

《模拟六佳撰 小野小町》，歌川国贞绘，锦绘木版画，1847—1852。

歌川国贞（1786—1865）是日本江户时代末期最受欢迎的浮世绘师之一。他继承了老师歌川丰国的画号，称为"三代丰国"，以艳丽的美人画、生动的歌舞伎演员画著称。

这幅画的主题是江户时代后半期最有名的一种口红"小町红"。画中女子刚刚洗过头发，肩上围着披风，鬓角插一把玳瑁梳，右手拿着一根珊瑚发簪，左手拿着一盒口红，正在化妆。画的左上角画了一丛红蓝花，小画框中是著名的美女兼歌仙小野小町，上面题有她做的一首和歌："色見えで移ろふものは世の中の人の心の花にぞありける。"大意是：绽放在人们心中的花朵会在不可见的情况下凋谢。右上角的文字是当时的剧作家柳下亭种员题写的，提到了小野小町与"小町红"的逸事。

"小町红"以绝色美女小野小町的名字命名，以红蓝花制成，有迷离艳媚的色泽，价格高昂。如果叠涂多层，会变成紫中带绿的虹彩色，这种唇色在当时被称为"笹红"，非常受时尚女子追捧。在日本，制作"小町红"的技术从江户时代一直传到今天。东京有一家"红博物馆"，向世人展示代表江户美人妆容的一抹艳色。

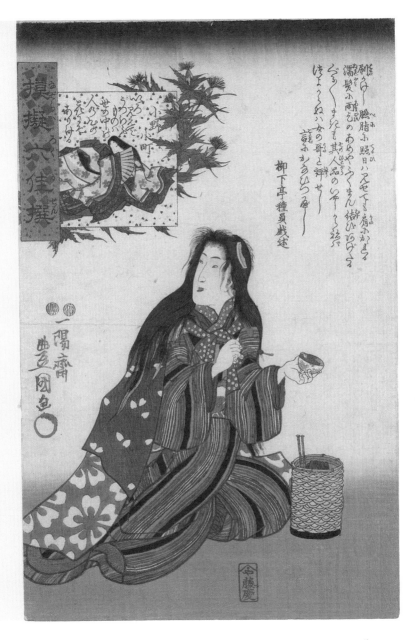

枣椰树 / 以凤凰之名复活或永生

Phœnix dac

植物在丝绸的路上穿行

"枣椰树"，出自《实用植物：艺术和药用的植物图鉴》第二卷，玛丽·安·伯内特绘，英国伦敦，1840—1850年。

这幅"枣椰树"插图把彩色和黑白相结合，以彩色描绘橙黄的果实和佛焰苞，以黑白单色刻画树干和枝叶的形态。枣椰树（拉丁名：*Phoenix dactylifera*），又名海枣、波斯枣、无漏子、番枣、海棕、伊拉克枣、椰枣等，棕榈科海枣属植物。树形为乔木状，高达35米。茎具宿存叶柄基部，上部叶斜升。叶长达6米，羽片线状被针形，灰绿色，具龙骨突起；叶柄细长，扁平。佛焰苞长，大而肥厚；花序为密集的圆锥花序。果长圆形或椭圆形，成熟时深橙黄色，果肉肥厚。种子扁平，两端尖，腹面具纵沟。花期3—4月，果期9—10月。原产西亚和北非，为热带地区重要果树之一。树形美观，果供食用，花序汁液可制糖，叶可造纸，树干可作建筑材料。

枣椰树是别名，中文学名为海枣。现存的中国古代典籍中最早记载这种树的是西晋学者嵇含所著的《南方草木状》一书："海枣树身无闲枝，耸三四十丈，树顶四面共生十余枝，叶如栟榈，五年一实，实甚大，如杯碗。核两头不尖，双卷而圆，其味极甘美，安邑御枣无以加也。泰康五年，林邑献百枚。昔李少君谓汉武帝曰：'臣尝游海上，见安期生，食臣枣，大如瓜。'非诞说也。"

　　"栟（bīng）榈"即棕榈。"安邑"即今山西夏县，是著名的中国枣产区，《史记·货殖列传》中有"安邑千树枣"之称。"林邑"是象林之邑的简称，秦汉时置象郡

　　　　　　　　　　　　　植物在丝绸的路上穿行

象林县，位于今越南中部。太康（嵇含误写为泰康）是西晋晋武帝的年号，太康五年即公元284年。根据这一记载，那么西晋时期枣椰树即已经由越南传入中国。

不过，《南方草木状》一书，从清末开始就有学者质疑乃是南宋人的伪作。劳费尔在《中国伊朗编》一书中则怀疑嵇含所说的"海枣树"很可能是凤尾蕉，也就是人们俗称的铁树。

至于嵇含所引的汉武帝故事，见于《史记·孝武本纪》。李少君是汉武帝时期的方士，也是著名的吹牛大王，他向汉武帝吹嘘自己曾在海上见到过千岁神仙安期生，"食臣枣，大如瓜"，这才引发汉武帝大派方士入海求蓬莱和安期生的历史事件。当然求不到，反而成了笑柄。

针对这一事件，劳费尔尖刻地评价说："这里显然可看出中国人怎样运用他们的逻辑：把李少君的航海和他虚构的枣子结合起来就成了'海枣'，把想象出来的产物和叫那名字的真树联系起来。"事实也是如此，古代中国人也并没有把李少君的吹牛当真，而是用"海枣"来比喻虚妄不实的事物。

嵇含描述的"海枣树"既然如此可疑，那么正史中的最早记载就只能追溯到《魏书》了。由南北朝时期历仕北魏、东魏、北齐三朝的著名文学家魏收所撰的《魏书·西域传》中提到波斯国的各种物产，其中就有"千年枣"。随后的《周书》和《隋书》中也都有波斯出产"千年枣"的记载。此外亦称"万岁枣"，李时珍在《本草纲目》中解释说："千年、万岁，言其树性耐久也。曰海，曰波斯，曰番，言其种自外国来也。"这些都是枣椰树的别名，但《魏书》《周书》《隋书》都没有波斯枣传入中国的记载，而仅仅是说，听说波斯国有这种物产而已。

　　到了唐代，晚唐著名博物学家段成式在《酉阳杂俎》一书中有极为详细的记载："波斯枣，出波斯国，波斯国呼为窟莽。树长三四丈，围五六尺，叶似土藤，不凋。二月生花，状如蕉花，有两甲，渐渐开罅，中有十余房。子长二寸，黄白色，有核，熟则子黑，状类干枣，味甘如饧，可食。"

　　比段成式稍晚的刘恂曾任广州司马，著有《岭表录异》一书，记岭南风物，其中有"波斯枣"一条："波斯枣，广州郭内见其树。树身无间枝，直耸三四十尺，及树顶，四向共生十余枝，叶如海棕。广州所种者，或三五年一番结子，亦似北中青枣，但小耳。自青及黄，叶已尽，朵朵着子，每朵约三二十颗。恂曾于番酋家食本国将来者，色类沙糖，皮肉软烂，饵之，乃火烁水蒸之味也。其核与北中枣殊异，两头不尖，双卷而圆，如小块紫矿。恂亦收而种之，久无萌芽，疑是蒸熟也。""紫矿"是一种大蚁寄生在树上所形成的树胶。

由上述两书可知，枣椰树传入中国应该是在唐代。至于宋代，大型类书《册府元龟》卷九百七十一载："（唐玄宗天宝五载）闰十月，陀拔斯单国王忽鲁汗遣使献千年枣。"美国汉学家薛爱华（即爱德华·谢弗）在《撒马尔罕的金桃：唐代舶来品研究》（*The Golden Peaches of Samarkand: A Study of T'ang Exotics*）一书中发出了疑问："但是我们还不清楚，这位使臣带来的究竟是枣椰树呢，还是保存下来的枣椰树的果实？在长安的气候环境中，这种树是几乎无法生存的。"事实正是如此，枣椰树只能在温暖的岭南生存。

对中国人来说，自异域输入的枣椰树因为新奇而逃不掉被神化的命运。托名西汉著名文学家东方朔所著的《神异经》载："北方荒中有枣林焉，其高五十丈，敷张枝条数里余，疾风不能偃，雷电不能摧。其子长六七寸，围过其长。熟赤如朱，干之不缩，气味润泽，殊于常枣。食之可以安躯，益于气力，故方书称之。赤松子云：'北方大枣味有殊，既可益气又安躯。'"

据此，南京师范大学文学院王青、唐娜在《中土传说对西域世界的重新构建》一文中认为，《神异经》所描述的这种枣林极有可能就是波斯枣，"初生的椰枣是青色的，长大变为黄色，成熟时成红褐色"。他们进一步推论道："从《神异经》的描写来看，大致在汉魏之际，中土人对此枣树已经有了一定程度的了解。值得注意的是，椰枣的产地本是伊朗、阿拉伯地区，但是，在仙道小说中，却往往说成是来自'北方荒中''冥海'。这在某种程度上可以窥见椰枣树的传入线路是通过南海丝绸之路，并主要种植在岭南地区。相对于岭南地区来说，波斯、阿拉伯算得上是'北方'。"这一推论与《岭表录异》的记载相符。

植物在丝绸的路上穿行

枣椰树的身世传奇还远远没有结束，还有更神秘的故事在等着我们。这种树的果实为什么会成为中国仙道最向往的食物？中国古人又为什么满怀艳羡地称它为千年枣、万岁枣？这还要从远古各民族的神话体系说起。

枣椰树的拉丁学名是 *Phoenix dactylifera*，这一学名有着非常奇特的内涵。*Dactylifera* 是指头状的意思，*Phoenix* 中文译作菲尼克斯，希腊语指不死鸟。公元前五世纪，古希腊历史学家希罗多德在《历史》一书中描述了它的特性："他们拥有另一种叫作菲尼克斯的神鸟，除了图片，我从未亲眼见过，它确乎如此稀有，甚至就在埃及（依据来自赫利奥波利斯的旅行者的讲述）都只能五百年才重生一次，也即在老菲尼克斯死去之际，正如图画所描绘的那样，它的羽毛一部分是红色，一部分则是金色，而基本构型则如同苍鹰。"

古罗马诗人奥维德在长诗《变形记》中对不死鸟有更经典的描述："惟有一只鸟，它自己生自己，生出来就再不变样了，亚述人称它为凤凰。它不吃五谷菜蔬，只吃香脂和香草。你们也许都知道，这种鸟活到五百岁就在棕榈树梢用脚爪和干净的嘴给自己筑个巢，在巢上堆起桂树皮、光润的甘松的穗子、碎肉桂和黄色的没药，它就在上面一坐，在香气缭绕之中结束寿命。据说，从这父体生出一只小凤凰，也活五百岁。小凤凰渐渐长大，有了气力，能够负重了，就背起自己的摇篮，也就是父亲的坟墓，从棕榈树梢飞起，升到天空，飞到太阳城下，把巢放在太阳庙的庙门前。"（杨周翰译）

亚述人生活在西亚两河流域的北部，奥维德所描述的凤凰（Phoenix）即由亚述人的神话而来。它进入埃及神话后，被称为巴努（Benu），德国学者比德曼在《世界文化象征辞典》一书中称菲尼克斯的前身就是"埃及圣鸟巴努（Benu，或 Bynw），即首先降落在形成于原始沼泽的山丘上的第一个生命。巴努作为太阳神的显形在赫利奥波利斯（Heliopolis）受到敬奉"。赫利奥波利斯就是奥维德所描述的太阳城。

比德曼继续写道："在犹太传说中，凤凰被称为'米尔坎姆'（Milcham），它能永生的原因如下：夏娃因偷吃智慧树上的果实而犯罪孽，她嫉妒大地上其他生物的纯

"凤凰浴火重生图"，《凤凰的历史与叙述》插图，居伊·德拉·加尔德著，1550年，大英图书馆藏。

法国作家居伊·德拉·加尔德致力于研究凤凰，这本关于凤凰的专著出版于1550年，用小牛皮纸印刷，包括精美的手绘插图。这幅凤凰浴火重生图非常符合古罗马诗人奥维德《变形记》中的描述：活到五百岁的凤凰在棕榈树梢用树枝和香料自搭焚台，振翅浴火其上，让自己被缭绕的香烟和烈焰吞噬。凤凰因为与太阳神有关，不仅头顶有一轮太阳，而且鸟头上的七根羽毛与希腊太阳神赫利俄斯头上发出的七道光芒相呼应。这株"棕榈树"也许就是枣椰树吧。

洁，便怂恿他们一个个去吃禁果，只有米尔坎姆鸟拒绝诱惑。作为赏赐，上帝命令死亡天使将这一顺从的生物永远排除在死亡之外，并给它一座封闭的城市，让它平安地活上一千年。"

梳理至此，我们可以看到，菲尼克斯（Phoenix）的基本语义就是复活和永生，而具备同样特征的凤凰，就是这种神鸟的中国式变体，菲尼克斯的死而复生也就是中国人常说的"凤凰涅槃"。

把枣椰树命名为凤凰枣，不仅仅是像李时珍所说的"树性耐久"的缘故，更是因为枣椰树在犹太教和基督教中属于生命之树，犹太教的《旧约》和基督教的《新约》中屡屡有此树的记载，比如《诗篇》中的"义人要发旺如棕树，生长如黎巴嫩的香柏树"，《启示录》中的"此后，我观看，见有许多的人，没有人能数过来，是从各国、各族、各民、各方来的，站在宝座和羔羊面前，身穿白衣，手拿棕树枝"。

需要说明的是，《圣经》中所说的棕树都是指枣椰树。枣椰树和棕树虽然同属棕榈科，但枣椰树是海枣属植物，而棕树则是棕榈属植物。枣椰树的英文名称是 date palm， date 的意思是枣子，palm 则可泛指所有的棕榈科树木。法学家冯象先生在《海枣与凤凰》一文中说"（《圣经》）钦定本说到 palm，都是 date palm 的简称，即海枣（《牛津大词典》palm 条）"，而"和合本等中文旧译把海枣一律误作'棕榈'或'棕树'"，这是因为译经的传教士们漏看了 date 这个单词的缘故。他又说："当早期基督徒听到福音书上说'海枣枝'和'以色列的王'的时候，在他们心里，是要把海枣与复生的凤凰，与腓尼基／迦南即以色列的福地，以及救世主的来临，他们的全部希望，都系在一起的。但他们绝不会想到棕榈。"

《新唐书·西域传》载："有国曰磨邻，曰老勃萨，其人黑而性悍，地瘴疠，无草木五谷，饲马以槁鱼，人食鹘莽。鹘莽，波斯枣也。"劳费尔认为这两个国家位于东非，因此他说："中国人不但知道这枣子是波斯的产物，而且也知道东非洲海岸某些部族拿它当食粮。"可见正如犹太教和基督教中的生命之树一样，"凤凰枣"的命名正是由于古代民族感激它能够成为人们的粮食，从而将它神化为复活和永生的菲尼克斯。

برکت عیسی علیه السلام و چشمه آب پدید آمد تا مریم عیسی را

و خود را بشست و فرمان آمدش که این درخت را بجنبان بجنبانید

خرما ریختن گرفت قوله تعالی و هزی الیک بجذع النخله تساقط

علیک رطبا جنیا فکلی و اشربی و قری عینا فاما ترین

植物在丝绸的路上穿行

"玛利亚姆与婴儿伊萨在一株枣椰树下",波斯手抄本《先知的故事》插图,佚名绘,细密画,约 1570 年,爱尔兰切斯特·比替图书馆藏。

《先知的故事》著者是十二世纪波斯作家尼沙普利,该书在《古兰经》的基础上,描述了从亚当到穆罕默德的伊斯兰教先知的历史,其中包括从《圣经·旧约》中提取的故事。

玛利亚姆是《古兰经》中唯一提及名字的女性。在这段关于玛利亚姆的故事中,上帝拯救了她和她的儿子伊萨(伊萨兰教中的一位先知,即基督教中的耶稣),使他们免受饥饿。故事讲述了玛利亚姆如何转移到一个隐蔽的地方,生下儿子。上帝为了安抚她,创造了一条小溪,让她有水可以用。伊萨出生后,立即指引母亲摇动一株死去的枣椰树。她一触碰,这株枣椰树立刻活了过来,椰枣纷纷掉落,让她可以吃了补充体力,喂养孩子。图中枣椰树右侧草地上躺着一个被紧紧包裹的新生儿,他的上半身被象征神圣的火焰环绕。

复活与拯救生命,这个故事完整包含了枣椰树在东方神话中的象征意义。

唐代著名医学家陈藏器在《本草拾遗》中还记载了波斯枣的另外一个中文别名："无漏子即波斯枣，生波斯国，状如枣。"李时珍称"无漏名义未详"，不知道"无漏"或"无漏子"这个别名到底是什么意思。其实这是一件神奇的事。"无漏"，劳费尔称它的古音为 bu-nu，他说："这字和古埃及语此枣子的名字 bunnu 非常相像。"想一想我们前面提到的埃及圣鸟巴努的名字 Benu 吧！"无漏"的发音 bu-nu 几乎和它一模一样！因此，"无漏"这个别名即巴努，即太阳鸟 Benu 的译音，也就是菲尼克斯！它们完全同源！

这是一件多么神奇的事！古代中国人早已经洞悉枣椰树在其他各民族神话谱系中的象征含义，因此不仅同音翻译为"无漏"，而且还把它命名为"千年枣"和"万岁枣"，正对应菲尼克斯复活和永生的语义。同时，枣椰树的果实也如同犹太教和基督教生命之树的果实一样，成为中国仙道最为向往的复活和永生之食物，修道的人们希望通过食用椰枣而永生。全世界的神话体系出同源，这是一个非常有力的证据。

植物在丝绸的路上穿行

《人物龙凤帛画》，佚名绘，绢本水墨，战国时期，湖南省博物馆藏。

这幅帛画又名《晚周帛画》《夔凤美女图》，1949年于湖南长沙陈家大山楚墓出土，是现存最早的战国帛画之一。画面上，一位楚国贵妇向左侧身而立，抬起的双手之上，一只凤凰振翅而飞，凤凰左侧还有一条扶摇直上的龙。贵妇的发髻梳向脑后，深衣广袖，紧束纤腰，显得身姿挺拔，肃穆娴雅。龙、凤的动态渲染和人物的静态刻画形成对比，古朴而神秘。

这幅帛画是葬礼上的"铭旌"。古人相信铭旌有招魂的功能，葬礼中亲属用竹竿高挑铭旌，引导死者的灵魂来到墓地，下葬时将铭旌覆于棺盖之上，象征灵魂和肉体一同安葬。帛画上的女子应是墓主形象，画中的龙凤可能是辅助墓主的灵魂进入死后世界的使者。

水　仙 ／ 中西神话性别的奇妙转换

植物在丝绸的路上穿行

"欧洲水仙、黄口水仙与围裙水仙"，出自《戈托尔夫抄本》，约翰内斯·西蒙·霍尔茨贝克绘，水粉画，德国，1649—1659年。

约翰内斯·西蒙·霍尔茨贝克，十七世纪德国汉堡画家，以花卉画闻名。他为戈托尔夫公爵弗里德里希三世的花园绘制了四卷本植物画集《戈托尔夫抄本》，从中可以看出他充分从大自然中汲取灵感。

水仙属是石蒜科多年生草本球茎植物，开花后枯死成地下贮藏球茎，第二年从卵球形鳞茎重新生长。其叶宽线形，扁平，粉绿色；花朵明显，通常是白色或黄色，有六个花瓣状的花被片，上面有一个杯形或喇叭形的花冠。这幅画描绘了三种水仙属植物：多花水仙（拉丁名：*Narcissus tazetta*，图中上排最左及中间的两株）、黄口水仙（拉丁名：*Narcissus medioluteus*，上排最右一株）和围裙水仙（拉丁名：*Narcissus bulbocodium*，下方的黄花小株）。三种水仙的区别主要在花朵颜色、形态和大小上。多花水仙又称欧洲水仙，品种众多。黄口水仙又称双花水仙，是带红色花冠的诗人水仙（拉丁名：*Narcissus poeticus*）和多花水仙的自然杂交品种，一般一枝上开两朵花，有时也会开三朵花。中国水仙（拉丁名：*Narcissus tazetta* subsp. *chinensis*）是多花水仙的重要亚种之一，唐代时经由丝绸之路传入，伞形花序有花4—8朵，花被片白色而芳香，花冠呈浅杯状，淡黄色，故称"金盏银台"。花期春季，是春天的象征。其鳞茎多汁，有毒，含有石蒜碱、多花水仙碱等多种生物碱。

薛爱华在《撒马尔罕的金桃》一书中认为"水仙是传入中世纪中国的罗马植物"，德国学者比德曼在《世界文化象征辞典》一书中也认为"（水仙）本不长于中国，由阿拉伯商人带入，并从中世纪起进入中国的神话故事"。

　　这些学者的共识得到了中国古代文献的有力支持。作为植物的水仙第一次出现在中国的古代典籍中，乃是晚唐段成式所著《酉阳杂俎》一书，该书卷十八《广动植之三》中记载道："捺祇出拂林国，苗长三四尺，根大如鸭卵，叶似蒜叶，中心抽条甚长，茎端有花六出，红白色，花心黄赤，不结子。其草冬生夏死，与荠麦相类。取其花压以为油，涂身，

　　　　　　　　　　　　　　植物在丝绸的路上穿行

除风气。拂林国王及国内贵人皆用之。"

"榛祇"的读音为 nài zhī，很显然这是一个外文词的译音，李时珍在《本草纲目》中评论道："此形状与水仙仿佛，岂外国名谓不同耶？"外国名称当然不同，劳费尔在《中国伊朗编》一书中说"榛祇"的古音 nai-gi "显然符合于中古波斯语 nargi，新波斯语 nargis"，即波斯语的"水仙"。

拂林是古代中国对东罗马帝国的称呼，或者也指叙利亚。可见唐人早就知道水仙原产于罗马，而且水仙花的花油还可以治疗风疾。当然，段成式对水仙的描绘栩栩如生，也可见此时水仙早已经经由波斯中转而传入中国。

更有趣的是，水仙的拉丁学名为 *Narcissus tazetta*，*tazetta* 意为小杯状的，而前面这个词 *Narcissus* 中文译为那喀索斯，是希腊神话中著名的美少年的名字，水仙的波斯名字 nargi 正是由此词而来。

那喀索斯是谁，又是怎么和水仙花扯上关系并以之命名的呢？相信熟悉希腊神话的读者朋友都耳熟能详。那喀索斯的故事出自古罗马诗人奥维德的长诗《变形记》，让我们重温一下这个著名的故事，再欣赏一下出自已故著名翻译家杨周翰先生之手的优美的译文。

有一位爱说话的女仙叫厄科（Echo），这个名字的意思是回声，也就是说她只能重复别人说的话的最后面几个字而已。此时那喀索斯（杨周翰先生译为那耳喀索斯）正当十六岁的青春年华，既风度翩翩，又傲慢执拗。两人的相遇涂染了悲伤的色彩。

"她看见那耳喀索斯在田野里徘徊之后，爱情的火不觉在她心中燃起，就偷偷地跟在他后面。她愈是跟着他，愈离他近，她心中的火焰烧得便愈炽热，就像涂抹了易燃的硫黄的火把一样，一靠近火便燃着了，她这时真想接近他，向他倾吐软语和甜言！但是她天生不会先开口，本性给了她一种限制。但是在天性所允许的范围之内，她是准备等待他先说话，然后再用自己的话回答的。也是机会凑巧，这位青年和他的猎友正好走散了，因此他便喊道：'这儿可有人？'厄科回答说：'有人！'他吃了一惊，向四面看，又大声喊道：'来呀！'她也喊道：'来呀！'他向后面看看，看不见有人来，便又喊道：'你为什么躲着我？'他听到那边也用同样的话回答。他立定脚步，回答的声音使他迷感，他又喊道：'到这儿来，我们见见面吧。'没有比回答这句话更使厄科高兴的了，她也喊道：'我们见见面吧。'为了言行一致，她就从树林中走出来，想要用臂膊拥抱她千思万想的人。然而他飞也似的逃跑了，一面跑一面说：'不要用手拥抱我！我宁可死，不愿让你占有我。'她只回答了一句：'你占有我！'她遭到拒绝之后，就躲进树林，把羞愧的脸藏在绿叶丛中，从此独自一人生活在山洞里。但是，她的情丝未断，尽管遭到弃绝，感觉悲伤，然而情意倒反而深厚起来了。她辗转不寐，以致形容消瘦，皮肉枯槁，皱纹累累，身体中的滋润全部化入太空，只剩下声音和骨骼，最后只剩下了声音，据说她的骨头化为顽石了。她藏身在林木之中，山坡上再也看不见她的踪影。但是人人得闻其声，因为她一身只剩下了声音。"

这就是厄科的爱情悲剧，从此之后，这个可怜的女仙就以回声的名义深深地隐藏进"Echo"这个单词之中，再没有与神或人相恋的机会了。

而那个铁心肠的那喀索斯呢？他在一方澄澈的池塘里爱上了自己的倒影："他望着自己赞羡不已。他就这样目不转睛、分毫不动地谛视着影子，就像用帕洛斯的大理石雕刻的人像一样。他匍匐在地上，注视着影子的眼睛，就像是照耀的双星；影子的头发配得上和酒神、日神媲美；影子的两颊是那样光泽，颈项像是象牙制成的，脸面更是光彩夺目，雪白之中透出红晕。"

但那喀索斯并不能得到自己影子的爱情，于是"他把疲倦的头沉在青草地上，死亡把欣赏过自己主人风姿的眼睛合上了"。而那喀索斯的姐妹们和林中女仙德律阿德斯"也悲痛不已，厄科重复着她们的哭声。她们替他准备好火葬的柴堆、劈好的火把和灵床。但是到处找不到他的尸体。她们没有找着尸首，却找到了一朵花，花心是黄的，周围有白色的花瓣"。

这朵花就是水仙花。毫无疑问，它就是那喀索斯变化而成的。杨周翰先生说："那耳喀索斯（Narcissus），希腊文原意麻木、麻醉。他拒绝厄科的爱，陶醉于自己的美，变为同名的花，'水仙花'。"

针对这个故事，玛莉安娜·波伊谢特在《植物的象征》一书中评论道："众神在他死亡的一刻将他化为美丽的花，

　　　　　　　　植物在丝绸的路上穿行

这花至今仍以他的名字命名，即水仙，象征着无所顾忌的自爱，此为愈益张扬的人性。"

李时珍则在《本草纲目》中写道："此物宜卑湿处，不可缺水，故名水仙。"这位著名的药物学家显然没有听说过那喀索斯的故事。那喀索斯本来是河神刻菲索斯与河仙利里俄珀的儿子，出生后，母亲向先知询问这个孩子未来的命运，先知回答说："不可使他认识自己。"这一句谶言就此决定了那喀索斯的命运。"Narcissus"一词后来进入英语，定型为"Narcissism"，意思是自我陶醉、自恋，汉语中相应地有个成语叫"顾影自怜"。

还不仅是"顾影自怜"，甚至顾影而丧命。只不过中国古代传说中顾影丧命的，并非神灵或人类，而是动物，这种动物就是山鸡。西晋张华所著《博物志》载："山鸡有美毛，自爱其色，终日映水，目眩则溺死。"南朝宋刘敬叔所著《异苑》则写道："山鸡爱其毛羽，映水则舞。魏武时南方献之，帝欲其鸣舞而无由，公子苍舒令置大镜其前，鸡鉴形而舞，不知止，遂乏死。"

作为因自恋抑郁而死的那喀索斯的化身，水仙把自己

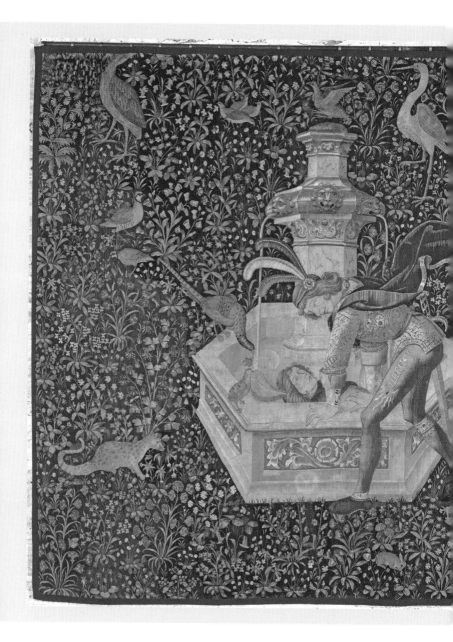

植物在丝绸的路上穿行

《那喀索斯》，羊毛与真丝挂毯，法国巴黎，约1500年，美国波士顿艺术博物馆藏。

这是一幅挂在墙上用于装饰的精美织锦壁毯，描绘了奥维德《变形记》中那喀索斯的故事。作为对那喀索斯冷酷无情地拒绝他人之爱的惩罚，众神让他爱上了自己的倒影。在中世纪有关宫廷爱情的艺术和诗歌中，这是一个很受欢迎的主题。在这幅挂毯中，那喀索斯被表现为一个衣着时尚的年轻人，在一个充满各种珍禽异兽和奇花异草的花园中，正凝视着自己在喷泉池中的倒影。光彩夺目的影子与它的主人交相辉映，周围灵动的花鸟似乎都被深深吸引，这悲伤又绝美的一幕被不知名的古代工匠艺术家用织锦定格下来，穿越时光的静谧中，似乎能听到喷泉的叮咚声。

变成了一株有毒的植物，毒素遍布全身，尤其以鳞茎的毒性最大，如果误食，严重的可导致痉挛、麻痹，正如同杨周翰先生所说，那喀索斯的"希腊文原意麻木、麻醉"。

而汉语中的"水仙"一词，起初并不是指水仙花。这一名称最早出自汉代的《越绝书·德序外传记》：吴王夫差听信谗言，赐剑令伍子胥自杀。伍子胥死后，吴王夫差命人把他的尸体抛掷于大江口，没想到"乃有遗响，发愤驰腾，气若奔马，威凌万物，归神大海，仿佛之间，音兆常在。后世称述，盖子胥，水仙也"。伍子胥化身为"水仙"。

东晋王嘉所著《拾遗记》中有"洞庭山"一则，记屈原自沉汨罗江之后，"楚人思慕，谓之水仙。其神游于天河，精灵时降湘浦。楚人为之立祠，汉末犹在"。屈原也化身为"水仙"。巧合的是，伍子胥和屈原这两位"水仙"，正是端午节祭祀的两位主角。

到了唐代，"水仙"开始改变性别，变成女仙，杜甫诗中即有"江妃水仙"的意象。而水仙花自唐代传入中国之后，也开始从那喀索斯的男性，一变而为女性。北宋著名诗人黄庭坚在《王充道送水仙花五十枝》开篇就吟咏道：

　　　　　　　　　　　植物在丝绸的路上穿行

"凌波仙子生尘袜，水上轻盈步微月。"这一意象出自曹植的名篇《洛神赋》。黄庭坚将水仙花比作洛水之神和湘水之神，湘水之神历来被附会为帝舜的两位妃子娥皇和女英，帝舜死后，二妃在湘江边哭泣，泪水溅到了竹子上面，竹尽斑，故称"湘妃竹"。"凌波仙子"也就此成为水仙的别名之一。

这是中西神话之间一个非常有趣的性别转换。但那喀索斯的自恋之中即包含着女性化的成分，奥维德描述他不仅以儿戏的态度对待厄科，"甚至这样对待男同伴"，以至于"有一个受他侮慢的青年，举手向天祷告说：'我愿他只爱自己，永远享受不到他所爱的东西！'"这一祷告被复仇女神涅墨西斯听到，才导致了那喀索斯的死亡。

这种性别变化在本书中的《枣椰树：以凤凰之名复活或永生》一文中也出现过。菲尼克斯本来是无性别的不死鸟，但是这一神话传入中国，古代中国人把它对位译为凤鸟，又给它添加了一位雌性的凰鸟，从而形成了"凤凰"这一雄雌对偶的传奇动物。这是西来神话必须经过本土化改造，符合本土语义、习俗等因素所导致的结果。

比德曼在《世界文化象征辞典》一书中写道："此花普遍被视为春天的象征，但同时也象征睡眠、死亡和苏醒。这是由于它在夏天消退，春天里却极为醒目……在中国，那喀索斯花是新年幸福与幸运的象征。"之所以如此，是因为水仙早春开花，在中国正值新的一年的起始。本是自恋的水仙，到了中国却变成幸福与幸运的象征，也算是中西花语的一种转换吧。

既有转换也有相承，玛莉安娜·波伊谢特在《植物的象征》一书中描述道："在东方抒情诗里，它常常是一种比喻：发现人间和天上之爱。诗人嘉里普说，造物主创造出水仙，就是为了让它成为'花园之眼'，以发现玫瑰和芳草的美丽。预言家默罕默德说：'如果你有两只面包，就卖掉一只，好买水仙。面包滋养你的身体，水仙则滋养你的灵魂。'水仙在此是作为渴望中的爱之象征。在西班牙的某些千百年来深受阿拉伯文化影响的地区，带红色花冠的'诗人水仙'至今仍是渴望之爱的象征，而花梗因挺直光滑而寓意正直人士。"

渴望之爱对应着那喀索斯的顾影自怜，而水仙能滋养灵魂则对应着它在中国花语系统中的清高雅洁。这就是中西花语的一种相承。

除此之外，水仙花在中文中还有许多美丽的别名，比如雅蒜、天葱、金盏银台、玉玲珑、俪兰、女史花等，还被称作花中的"雅客"。更有趣的是，水仙花传入中国之后培育出的变种被称作"中国水仙"，"*chinensis*"一词从而堂而皇之地进入水仙花的拉丁学名之中，我们中国常见的那种水仙的拉丁学名全称就是 *Narcissus tazetta* subsp. *chinensis*。

《靓妆仕女图》，宋代苏汉臣绘，绢本设色团扇，美国波士顿艺术博物馆藏。

苏汉臣，汴梁（今河南开封）人，北宋末南宋初宫廷画家，生卒年不详。原为宋徽宗宣和画院待诏，南渡后复职，后补承信郎。画学刘宗古，擅长人物、仕女及佛道题材，格局精谨，用笔工整细劲，着色鲜润，尤擅写婴儿嬉戏之景和货郎担，情态十分生动。

此画又名《仕女对镜图》，绘一仕女对镜梳妆。她背对观者，姣好面容通过镜面显映出来，神情娴静中略带忧伤。她久久凝视自己的容颜，似乎忘记了周围的一切。屏风、湖石、栏杆、树上残花以及精美的器物，都是她心境的衬托。画面设色柔美清丽，人物秀雅，意味隽永，洵为宋代小品画佳作。

仕女对镜照影图像在中国历代女性题材绘画中多有出现。她们在尺幅空间中孤芳自赏，对影自怜。到了杜丽娘处，对镜写真成为整部《牡丹亭》的关键情节。明代女诗人冯小青更有"卿须怜我我怜卿"之句。很妙的一点是，这幅宋代《靓妆仕女图》中，妆榻上恰有一瓶开花的水仙，隐隐将中外不同时空的两种"自怜"悄然联结，产生一种回声般的遥远呼应。

植物在丝绸的路上穿行

水　仙

甘蔗 / 从输入到反哺

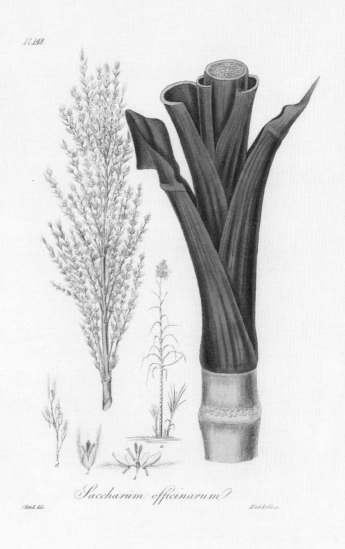

Saccharum officinarum

"甘蔗"，出自《药用植物学》第四卷，约翰·斯蒂芬森、詹姆斯·莫尔斯·丘吉尔著，英国伦敦，1831年出版。

约翰·斯蒂芬森（1790—1864），毕业于爱丁堡大学，林奈学会会员，著作还包括《药用动物学》和《矿物学》。詹姆斯·莫尔斯·丘吉尔（1796—1863），英国皇家外科医师学会成员和伦敦药用植物学会会员。《药用植物学》一书副标题为"伦敦、爱丁堡和都柏林药典中药用植物的图鉴和说明，以及大不列颠本土所有有毒蔬菜的通俗和科学表述"，内容顾名思义。

甘蔗（拉丁名：Saccharum officinarum），又名黑蔗、黄皮果蔗、糖蔗等，禾本科甘蔗属多年生高大实心草本植物。根状茎粗壮发达，秆高3—5米，具20—40节，下部节间较短而粗大，被白粉。叶鞘长于节间，叶片可长达1米。大型圆锥花序，长50厘米左右。甘蔗茎秆为重要的制糖原料，原产印度、东南亚的热带地区，至迟在先秦时期就已传入中国南方。明末宋应星在《天工开物》中就记载了利用甘蔗制造白糖的工艺。

《世说新语·排调》载："顾长康啖甘蔗，先食尾，问所以，云：'渐至佳境。'"东晋著名画家顾恺之，字长康。"排调"是戏弄调笑的意思，顾恺之吃甘蔗先从梢部吃起的习惯引发了当时人的调笑，可知当时人吃甘蔗都是先从根部吃起，从最甜的部位吃起。但顾恺之的辩解理由却为汉语词汇库添加了一个直到今天还在使用的成语"渐入佳境"，本义是从甘蔗的梢部到根部，越吃越甜。顾恺之啖蔗，实在是啖出了一桩大大的成就啊！

　　在甘蔗传入中国之前，古代中国人当然也吃甜食，而且"甘"还是酸、苦、辛（辣）、咸、甘五味之一。但早期的甜食过于单调，因此薛爱华在《撒马尔罕的金桃》一书中写道："到了唐代，对于当时的人来说，谷类植物制作的糖已经索然无味，成了一种低劣的食品——因为在当时的上贡名单中根本就没有提到谷类植物做的糖。"

所谓"谷类植物做的糖"，是指饴和饧两种糖。"饴（yí）"是用麦芽制成的糖，现在还叫麦芽糖；"饧（xíng）"是用黏性的黍子或稻制成的糖。"饴"是流体或半流体的糖浆，故称"饴浆"；而"饧"则是固体的所谓干饴，这种干饴还有一个专用名称叫"饦餭（zhāng huáng）"，熬制黏性的黍子或稻使之发散、膨胀，故有此名。

《周礼》记载，周代有"食医"一职，职责是调和天子的膳食："凡和，春多酸，夏多苦，秋多辛，冬多咸，调以滑、甘。"春、夏、秋、冬分别对应酸、苦、辛、咸四味。"滑"是使菜肴变得更加柔滑可口的佐料，其实就是米或某些谷物磨成的粉，今天人们做饭时经常使用的芡粉也是"滑"的一种。"甘"就是含有糖分的饴浆。

《礼记·内则》中规定，媳妇侍奉公婆吃早饭的时候，"饘、酏、酒、醴、芼、羹、菽、麦、蕡、稻、黍、粱、秫唯所欲，枣、栗、饴、蜜以甘之"。"饘（zhān）"是稠粥，"酏（yǐ）"是稀粥，"醴（lǐ）"是甜酒，"芼（mào）"是可供食用的野菜，杂肉为"羹"，"菽"是豆类作物的总称，"蕡（fén）"是大麻籽，熬成汤，"秫（shú）"是黏性谷物。媳妇询问公婆喜欢吃以上哪种食物，然后进献给公婆。枣、栗、饴、蜜都是甜浆，添加在公婆的饮食中，用来调和味道，这就叫"甘"。

由此可知，饴和饧是最原始最简单的糖，甜度大约仅为蔗糖的三分之一，因此当甜度更高的甘蔗和蔗糖传入之后，人们理所当然地不再爱吃这种"低劣的食品"。

甘蔗的原产地是印度、东南亚的热带地区，至迟在先秦时期就已传入中国南方，不过那时的名字叫"柘（zhè）"，"蔗"是汉代以后的晚起字。李时珍在《本草纲目》中引述吕惠卿的话说："凡草皆正生嫡出，惟蔗侧种，根上庶出，故字从庶也。"但其实"柘"或"蔗"是梵语的译音。

《楚辞·招魂》中的诗句"有柘浆些"是最早的出处，"柘浆"即甘蔗汁。西汉著名辞赋家司马相如的《子虚赋》中也有"诸柘巴苴"的诗句，这吟咏的是云梦一带的南方

植物在丝绸的路上穿行

植物，"诸柘"即甘蔗，"巴苴"即芭蕉。《汉书·礼乐志》载当时的《郊祀歌》中有"泰尊柘浆析朝酲"的诗句，东汉学者应劭注解说："柘浆，取甘柘汁以为饮也。酲，病酒也。析，解也。言柘浆可以解朝酲也。""朝酲（chéng）"的意思是昨夜醉酒，今早起来仍然病酒未解，而饮用甘蔗汁就可以解酒。

今天仍然沿用的"甘蔗"之名，最早出自西晋学者嵇含所著《南方草木状》一书："诸蔗，一曰甘蔗，交趾所生者。围数寸，长丈余，颇似竹。断而食之，甚甘，筦取其汁，曝数日，成饴，入口消释，彼人谓之石蜜。"

交趾即今越南北部地区，那里的人把甘蔗制成的糖称为"石蜜"，古代人曾经盛传印度出产一种不需蜜蜂就能产生蜜的植物，这种植物就是甘蔗。叙述西汉杂史的《西京杂记》一书曾载"南越王献高帝石蜜五斛"，东汉张衡《七辩》中也有"沙饧石蜜，远国储珍"的诗句。劳费尔在《中国伊朗编》一书中认为"石蜜"的名称"显然是来自印度支那的一种语言"，不过李时珍在《本草纲目》中引述万震《凉州异物志》的说法："石蜜非石类，假石之名也。

实乃甘蔗汁煎而曝之，则凝如石而体甚轻，故谓之石蜜也。"这是用汉语词汇的构词方式来解释"石蜜"的名称。

据嵇含的记载，原产于印度的甘蔗经由东南亚传入中国，但是还有另外的说法，比如魏文帝曹丕曾在一通诏书中感叹道："南方有龙眼、荔枝，宁比西国蒲陶、石蜜乎！"李时珍在《本草纲目》中也屡屡引述前人的话说"石蜜出益州及西戎"，"西戎来者佳"，"自蜀中、波斯来者良"。据此而言，以甘蔗汁制成的糖也许是分由东南亚和波斯两条路线传入中国的。

已故国学大师季羡林先生曾在一张敦煌残卷上发现了印度的制糖法，其中的关键词"煞割令"被他解读为梵文śarkarā，即蔗糖块，而印欧语系的所有"糖"字都来源于这个梵文词根，"石蜜"即这个梵文的意译。由此可知，印度的制糖法确实经由丝绸之路传入中国。

《魏书》和《隋书》的《西域传》中都明确指出波斯国的物产中就有"石蜜"，因而引发了劳费尔的兴趣，他认为"在伊朗它（甘蔗）仅是次要的植物，但是它在伊朗的历史相当重要"，因为"阿拉伯人在征服波斯之后（公元 640 年）对制糖工业很有兴趣，而且把甘蔗传播到巴勒斯坦、叙利亚、埃及等地"。这一传播时间要比中国晚了许多。

即使甘蔗早已传入中国，但也仅限于南方种植。南宋学者洪迈在《容斋四笔》中写道："甘蔗只生于南方，北人嗜之而不可得。魏太武至彭城，遣人于武陵王处求酒及甘蔗。郭汾阳在汾上，代宗赐甘蔗二十条。"北魏太武帝拓跋焘打到彭城（今江苏徐州），派人向建康（今江苏南京）的南朝刘宋武陵王刘骏索求甘蔗；甚至到了唐代，唐代宗还将甘蔗当作珍贵的礼物，赏赐给郭子仪二十条。

劳费尔又说："中国人没有从波斯人学得制糖的技术。"这是一件非常蹊跷的事，因为有唐一代，屡屡有西域诸国向唐王朝献石蜜的记载，但《新唐书·西域传》却载贞观二十一年（647），"摩揭它，一曰摩伽陀，本中天竺属国……始遣使者自通于天子，献波罗树，树类白杨。太宗遣使取熬糖法，即诏扬州上诸蔗，拃沈如其剂，色味愈西域远甚"。"拃（zǎn）"是使劲压或者挤的意思，"沈（shěn）"即汁。

薛爱华对唐太宗的这种制糖工艺进行了质疑："就制作沙糖的工艺而言，必须经过反复而有效地去除沸液中的渣滓，才能够做出纯洁、雪白的结晶质糖，唐代似乎并没有采用这种工艺，甚至从摩揭陀国传入的制糖方法也不是这种方法。经过提纯的结晶质糖在汉语中称作'糖霜'，这种糖似乎是在宋代研制成的。"

这段质疑表明，唐太宗从摩伽陀国学习来的制糖工艺，制出的仅仅是颗粒状的红糖，而不是进一步提纯出来的白糖（糖霜）。摩伽陀国人的藏私也证明制作糖霜的工艺之珍贵，雄才大略的唐太宗受骗上当，终其一生也没有品尝到更加美味的"糖霜"，可发一笑。

其实，类似的质疑早已有之，两宋间学者王灼所著《糖霜谱》中就针对唐太宗学习来的制糖工艺写道："熬糖沈作剂，似是今之沙糖也。蔗之技尽于此，不言作霜，然则糖霜非古也。"采用这种工艺熬制出来的只能是沙糖（红糖）。

王灼又在同书中记载了一则异事，可视为糖霜法的鼻祖："唐大历间有僧号邹和尚，不知所从来。跨白驴，登伞山，结茅以居。"有一天他的白驴踩坏了山下黄氏家的甘蔗苗，黄氏要求赔偿，邹和尚于是对他说："汝未知窖蔗糖为霜，利当十倍，吾语女塞责可乎？"你不知道将蔗糖窖藏制成

　　　　　　　　　　　植物在丝绸的路上穿行

糖霜的方法，用这种方法获利是现在的十倍，我教给你权当赔偿怎么样？

黄氏依法而行，果然如此，然后伞山的农户纷纷效仿，以至于形成了"糖霜户"这一独特的生产群体。伞山位于王灼的家乡遂宁，因此王灼自豪地说："糖霜，一名糖冰。福唐、四明、番禺、广汉、遂宁有之，独遂宁为冠。"

至于邹和尚后来的行踪，则更富传奇色彩："邹末年弃而北走通泉县灵鹫山龛中，其徒追蹑及之，但见一文殊石像，众始知大士化身。而白驴者，狮子也。邹结茅处今为楞严院，糖霜户犹画邹像事之，拟文殊云。"

邹和尚所说"窨蔗糖为霜"，"窨（yìn）"为地窨。为何将甘蔗藏于窨中？近代学者尚秉和先生在《历代社会风俗事物考》一书中给出了释疑："窨蔗者，必以蔗藏于地窨，蔗受湿蒸，其汁外浸，遇冷而成霜，其白如雪，其甜如蜜。在初发明时，必利十倍。然此法用蔗多而得糖少。至宋时即将红沙糖复熬之，使变为白沙糖，以迄于今。"苏东坡有诗《送金山乡僧归蜀开堂》，其中吟咏道："冰盘荐琥珀，何似糖霜美。"正是遂宁糖霜的如实写照。

"萨摩大岛黑沙糖"，《日本山海名物图会》卷三，木版画，平濑彻斋编，长谷川光信绘，盐屋卯兵卫1754年出版。

《日本山海名物图会》（五卷）是日本江户时代的图录，描绘了当时日本全国各地的名优特产及其生产、制作过程，涉及采矿、农业、林业、渔业、民间手工艺等，是研究工业和技术历史的重要资料。书中版画的绘者长谷川光信是来自大阪的浮世绘画家，原名长谷川庄藏，活跃于1716—1764年间，为很多书籍绘制过插图，常描绘大阪商人，擅长社会风俗刻画。

甘蔗传入日本，始于唐朝

植物在丝绸的路上穿行

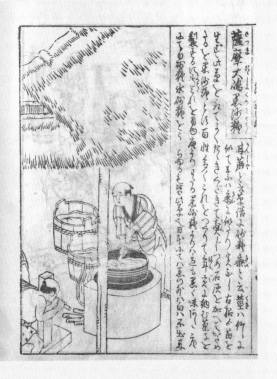

鉴真东渡时携带甘蔗种苗到日本。不过直到十七世纪初期，日本的食糖几乎全仰赖中国的输入。九州岛南方的奄美大岛原属琉球，十四世纪岛上开始种植甘蔗。明朝天启年间，琉球王国派官员至福建学习制糖之法，带回了黑糖的制造技术，黑糖很快成为琉球王国主要的输出商品和进贡品。江户时代萨摩藩控制了奄美大岛，也就控制了日本的主要糖源。这幅"萨摩大岛黑沙糖"即描绘了奄美大岛的黑糖生产过程，包括甘蔗收割、去除甘蔗叶、压榨出汁、煮沸蔗汁（在此过程中加入石灰）制成糖块。直到现在，品质上佳的黑糖依然是奄美大岛的特产。

明末清初著名科学家宋应星在《天工开物·甘嗜》中继承了王灼的说法："凡蔗古来中国，不知造糖。唐大历间，西僧邹和尚游蜀中，遂宁始传其法。今蜀中种盛，亦自西域渐来也。"

然后他又详细描述了"造白糖"之法："经冬老蔗……筤汁入缸，看水花为火色，其花煎至细嫩，如煮羹沸，以手捻试，粘手则信来矣。此时尚黄黑色，将桶盛贮，凝成黑沙，然后以瓦溜教陶家烧造，置缸上。其溜上宽下尖，底有一小孔，将草塞住，倾桶中黑沙于内。待黑沙结定，然后去孔中塞草，用黄泥水淋下，其中黑滓入缸内，溜内尽成白霜。最上一层厚五寸许，洁白异常，名曰洋糖。西洋糖绝白美，故名。"

将这种方法与唐太宗的工艺两相对比，优劣立见。这就是季羡林先生在巨著《糖史》中总结的"黄泥水淋脱色法"，用这种方法造出来的白糖从明代开始大量出口，反馈到印度，以至于"印地文中有一个单词儿 cīnī（中国的），意思是白糖。这又肯定说明了印度从中国学习炼制白糖的方法，或者从中国输入白糖。中印两国在制糖方面互相学习，不是昭然若揭了吗？"

　　从印度输入甘蔗和石蜜，又以"黄泥水淋脱色法"的独特发明输出白糖，并且反哺印度，堪称一段中外交流的佳话。这就像本书《水仙：中西神话性别的奇妙转换》一文中提到的，水仙花传入中国之后培育出的变种被称作"中国水仙"，"chinensis"一词从而进入水仙花的拉丁学名之中，各大文明之间从古至今从未间断过的交流不正是今日全球化的预演吗？

13.   SACCHARVM.

Qua Saccharum paretur arte, plurimis   *Pictura, quam vides, docebr*

"制糖"，出自《新发明》，版画，斯特拉达努斯设计，扬·科莱尔特制，荷兰，约 1600 年出版，美国大都会艺术博物馆藏。

题为《新发明》的这一系列印刷品描绘了欧洲"现代"世界（相对于古典世界而言，大约指十六世纪及之后）的一系列重要发明和发现，如印刷术、水车、蚕织、航海罗盘、天文观测等。这套作品是献给意大利人文主义者路易吉·阿拉曼尼的。

版画的设计者斯特拉达努斯（1523—1605）是一位多才多艺的风格派佛兰德艺术家，主要活跃于十六世纪的意大利佛罗伦萨。十六世纪下半叶，他成为美第奇家族的宫廷艺术家，参与了宫廷的许多装饰项目。雕刻者科莱尔特于 1525—1530 年间出生于布鲁塞尔，1580 年去世于安特卫普，是佛兰德版画家、出版商、绘图员、挂毯设计师、玻璃画师以及剑设计师。他是一个雕刻家王朝的创始人，在十六世纪下半叶和十七世纪初将安特卫普打造成欧洲主要的版画中心方面发挥了重要作用。

这幅版画描绘了新兴的制糖厂。远处的背景中，工人在砍伐甘蔗。收获的甘蔗依次被切割、压榨，然后甘蔗汁被放入大桶中煮沸熬制，熬好的糖浆倒入模具中凝固，脱模后就成了整齐的圆锥形糖块。整个过程井然有序，所有工人都专注于自己的工序。左侧是一个水磨，显示在压榨过程中借用了水磨的机械动力。与日本萨摩大岛黑糖的制作过程相比，这个制糖厂的确显得"现代"许多。

淡巴菰 / 从祭神的仙草到娱人的妖草

PL.XL.

Nicotiana Tabacum

Amelia & Smith Sc.

植物在丝绸的路上穿行

"烟草"，出自《美国药用植物学》第二卷，雅各布·毕格罗著，美国波士顿，1817—1820年出版。

雅各布·毕格罗（1786或1787—1879），美国医生、植物学家、植物插画家、哈佛医学院药学教授。《美国药用植物学》是他最重要的植物学著作，由他亲自绘制插图。该书是美国本土药用植物的集合，包含它们的植物学历史和化学分析，以及在医学、饮食、艺术方面的特性和用途。毕格罗还开发了一种改良工艺来印刷他的插图，从左图可以看出这种彩色印刷工艺的确非常细腻。

烟草（拉丁名：*Nicotiana tabacum*），俗称烟叶，是茄科烟草属一年生或有限多年生草本植物。植株被腺毛，根粗壮，茎高 0.7—2 米。叶长圆状披针形、披针形、长圆形或卵形。花序圆锥状，顶生。花萼筒状或筒状钟形，裂片三角状披针形，花冠漏斗状，淡黄、淡绿、红或粉红色。蒴果卵圆形或椭圆形。种子圆形或宽长圆形，褐色。花果期夏秋季。原产南美洲，我国南北各地广为栽培。除了作为烟草工业原料，全株可作农药杀虫剂，亦可药用。

纪昀，字晓岚，谥号文达，乾隆年间的著名学者。纪晓岚生性诙谐、滑稽，留下了许多逸事。晚清陈其元所著《庸闲斋笔记》中记载了他一则吸烟的趣事："河间纪文达公酷嗜淡巴菰，顷刻不能离，其烟房最大，人呼为'纪大烟袋'。一日当直，正吸烟，忽闻召命，亟将烟袋插入靴筒中，趋入奏对，良久，火炽于袜，痛甚，不觉呜咽流涕。上惊问之，则对曰：'臣靴筒内走水。'盖北人谓失火为'走水'也。乃急挥之出，比至门外脱靴，则烟焰蓬勃，肌肤焦灼矣。先是，公行路甚疾，南昌彭文勤相国戏呼为'神行太保'，比遭此厄，不良于行者累日，相国又嘲之为'李铁拐'云。"

　　　　　　　　　　　植物在丝绸的路上穿行

纪晓岚觐见乾隆皇帝时为什么要藏起烟袋？这是因为乾隆皇帝本来也是一位吃烟的瘾君子。据晚清李伯元所著《南亭笔记》："北京达官嗜淡巴菰者十而八九，乾隆嗜此尤酷，至于寝馈不离。后无故患咳，太医曰：'是病在肺，遘厉者淡巴菰也。'诏内侍不复进，未几病良已。"这就是乾隆皇帝痛恨吃烟的原因所在。

"烟房"即烟枪、烟袋、烟锅，纪晓岚烟袋之大，还有一则趣事。据《清朝野史大观》引《芝音阁杂记》的记载："公善吃烟，其烟枪甚巨，烟锅又绝大，能装烟三四两，每装一次，可自家至圆明园吸之不尽也。都中人称为'纪大锅'。一日失去烟枪，公曰：'毋虑，但日至东小市觅之自得矣。'次日果以微值购还。盖此物他人得之无用，又京中无第二枝，易于物色也。"

有清一代，嗜烟者甚众，历代皇帝都有禁烟之举。《清朝野史大观》中曾记载康熙皇帝厌恶吃烟并加以惩戒之事："圣祖不饮酒，尤恶吃烟。溧阳史文靖、海宁陈文简两公，酷嗜淡巴菰，不能释手。圣祖南巡，驻跸德州，闻二公之嗜也，赐以水晶烟管。偶呼吸，火焰上升，爆及唇际，二公惧而不敢用。遂传旨禁天下吃烟。蒋学士陈锡诗云：'碧碗琼浆潋滟开，肆筵先已戒深杯。瑶池宴罢云屏敞，不许人间烟火来。'即纪此事。"

不过，纪晓岚等人此时吸食的还不是鸦片，而是烟草，兴起全民吸食鸦片的恶俗还要等到清朝后期。鸦片是提取自罂粟汁液的吸食品，而烟草则属茄目茄科的一年生或有限多年生草本植物，叶大如卵，尾尖，采下晒干后称为"烟叶"，含有尼古丁，可制成各种卷烟及烟丝，原产地是南美洲。

英国学者马克 · 奥康奈尔和拉杰 · 艾瑞在《象征和符号》（ *The Illustrated Encyclopedia of Signs and Symbols* ）一书中写道："据说最早使用烟草的土著人视烟草为神草，广泛用于各种宗教和庆典仪式。秘鲁马齐根加人用'使用烟草的人'描述萨满：萨满作法时使用烤过的烟草叶。在欧洲，抽烟最初跟放荡青年和士兵联系在一起，因此，当十九世纪末期女人开始在公共场所抽烟时，被认为是令人震惊的行为。今天，烟草的象征意义有些暧昧。一方面，它是癌症和心脏病等致命疾病的同义词，另一方面，它仍然包含着世故和叛逆的元素。"

淡巴菰是 tobago 的音译。Tobago 原为印第安语，大约在十六世纪时，原产南美洲的烟草被西班牙人传入欧洲，这个词也就此进入了英语，即英语的 tobacco（烟草）。苏联学者柯斯文所著《原始文化史纲》中对这个词有着详细的辨析："北美土人用烟管吸食烟草，烟管是用不同的原料制成的，并有不同的形状和大小。在北美，吸烟还在氏族之间或部落之间的关系上起着仪式性的作用。吸完'和平的烟管'，等于说缔结了和平与友好的同盟。现在全世界所有语言中的'淡巴菰'一词，发源于印第安语 tobago，但这一名词在印第安语中绝不是指烟草，而正是指吸食烟草的烟管而言的。在中美，人们把烟叶卷起来吸，马亚人诸部落称之为 zical 或 zicar，这是又一进入全世界所有语言的名词'雪茄'的起源。"

古代印第安人确实"视烟草为神草"，建于公元 432 年的墨西哥南部恰帕斯州帕伦克的金字塔神殿里，有一幅玛雅祭司用长烟管吸烟的石刻浮雕，头上还覆盖着烟叶。这也许说明祭司以烟草的香气与神灵沟通。

最早记载淡巴菰的汉语文献乃是明代学者姚旅所著的

《吸烟的女孩》，穆罕默德·卡西姆绘，细密画，波斯伊斯法罕，十七世纪。

细密画是一种精细刻画的小型绘画，是波斯艺术中最为重要的门类，主要作为手抄本书籍的插图和装饰发展起来，多采用珍贵的矿物颜料，流行于宫廷和贵族阶层，设色之绚丽，笔法之工细，令人叹为观止。细密画艺术从十三世纪起开始形成显著的波斯风格，同时受到中国宋元绘画艺术的影响，十四至十六世纪达到巅峰。

这幅细密画的作者穆罕默德·卡西姆活动于十七世纪上半期，这一时期的艺术风格以典雅优美见长，人物画尤为秀丽。

十七世纪上半期的伊朗，吸烟在各个社会阶层中都非常流行。富人吸食用装饰玻璃、银或金制成的水烟管。水烟据说是印度莫卧儿时期由一位阿克巴的波斯医生发明的，他认为水的过滤可以减少烟草的烟雾对健康的危害。水烟很快在印度大陆和中东流行开来，在优雅的环境中吸食水烟成为一种时尚的贵族休闲活动。不过女性一般在私密场所吸烟。图中的女孩倚着靠枕，只穿了轻薄的衣物，背景中的花木显示她可能是在私家花园里一个不被打扰的安静角落。她半坐半靠，姿态松弛，身前放着水果盘、玻璃酒瓶酒盏，手捏着精致的水烟管，带点漫不经心地享受着独处的微醺时光。

植物在丝绸的路上穿行

《露书》，该书主要记载福建各地的人事、民俗、物产等方面的资料，其中《错篇》中写道："吕宋国出一草，曰淡巴菰，一名曰醺。以火烧一头，以一头向口，烟气从管中入喉，能令人醉，且可辟瘴气。有人携漳州种之，今反多于吕宋，载入其国售之。淡巴菰，今莆中亦有之，俗曰金丝醺，叶如荔枝，捣汁可毒头虱，根作醺。"

吕宋国即今菲律宾。《露书》的成书时间在1611年之前，正是明神宗万历年间，因此，烟草最早是此时经由所谓海上丝绸之路传入中国的。

对中国人来说，烟草乃是外来的新奇植物，而最初的使用方法是入药。明末著名医学家张景岳在《景岳全书》中单列"烟"一条，将它的药理功效阐述得十分清楚："（烟）味辛气温，性微热，升也，阳也。烧烟吸之，大能醉人，用时惟吸一口或二口，若多吸之，令人醉倒，久而后苏，甚者以冷水一口解之即醒；若见烦闷，但用白糖解之即安，亦奇物也。吸时须开喉长吸咽下，令其直达下焦。其气上行则能温心肺，下行则能温肝脾肾，服后能使通身温暖微汗，元阳陡壮……此物自古未闻也，近自我明万历时始出于闽广之间，自后吴楚间皆种植之矣，然总不若闽中者，色微黄，质细，名为金丝烟者，力强气胜为优也。求其习服之始，则向以征滇之役，师旅深入瘴地，无不染病，独一营安然无恙，问其所以，则众皆服烟，由是遍传，而今则西南一方，无分老幼，朝夕不能间矣。"

虽然张景岳把烟草的疗效描述得如此神奇，但烟草之害刚传入中国就立刻被人发现。明末官员杨士聪入清为官后，著有《玉堂荟记》一书，记载崇祯朝故事，其中写道："烟酒古不经见，辽左有事，调用广兵，乃渐有之，自天启年中始也。二十年来，北土亦多种之，一亩之收，可以敌田十亩，乃至无人不用。己卯上传谕禁之，犯者论死。庚辰有会试举人，未知其已禁也，有仆人带以入京，潜出鬻之，遂为逻者所获，越日而仆人死西市矣。相传上以烟为燕，人言吃烟，故恶之也。"

"一亩之收，可以敌田十亩"，可见种烟草获利之多。清初学者王逋所著《蚓庵琐语》中也说："烟叶出自闽中，边上人寒疾，非此不治，关外至以匹马易烟一斤。"一匹马换一斤烟，可谓昂贵。而且从杨士聪的这段记载还可以

植物在丝绸的路上穿行

"满洲婆"，出自清代广州外销画《各样人物》图册，水粉画，约1773—1776年，荷兰国家博物馆藏。

清代广州的外销画是随着十七世纪广州成为中国首屈一指的对外通商港口而兴起的。外销画工模仿西方绘画技法、风格，以中国的市井、民俗、风景、各行各业人物等为主要题材，创作了大量油画、水彩画、水粉画、玻璃画等。这些作品有很强的写实性，在欧洲被视为了解中国社会的可靠信源。这套《各样人物》图册大约绘制于十八世纪晚期，配有汉字说明，涉及清末各色社会人物及历史神话人物，满足了欧洲人对东方国度的猎奇和想象。

这幅描绘的是"满洲婆"，即清代满洲妇女。整个清代，满洲人逐渐汉化，同时依然保留了大量的独特风俗。该女子的发型、衣饰、厚底鞋均带有典型的旗人特色，寥寥几样家什和娴雅的仪态则透露出她所处阶层的优裕。尤为引人注目的是她手中那杆极细长的烟袋。有清一代，无论朝堂乡野还是市井闺阁，嗜吸烟草者众多。满洲人尤喜旱烟。烟袋前有烟锅，中为烟杆，后有烟嘴，形制用料随时尚变化，一般还配有烟袋荷包，内装碎烟，或别于腰带之上，或拴在烟杆之下。画中女子所持烟袋看起来很精致，与闺阁身份相宜。"天生小草醉婵娟""彤管题残银管燃"——明末清初诗人尤侗笔下的吸烟美人则又是另一种风情了。

看出，崇祯皇帝"传谕禁之，犯者论死"，这时是 1639 年，这是中国最早的禁烟令。杨士聪还记录下了当时的民间传说："相传上以烟为燕，人言吃烟，故恶之也。"崇祯皇帝是明成祖朱棣的后代，朱棣初封燕王，发动政变篡位后又迁都燕京，"烟"与"燕"同音，因此"吃烟"犯了崇祯皇帝的忌讳，这才大举禁烟。这不过是附会之言而已。

有趣的是，到了清代，烟草还被附加上了许多传奇色彩。刘廷玑所著《在园杂志》中甚至把烟草想象为可以止悲痛的忘忧草："烟草名淡巴菰……产吕宋。关外人相传，本于高丽国，其妃死，国王哭之恸，夜梦妃告曰'冢生一卉，名曰烟草'，细言其状。采之焙干，以火燃之而吸，其烟则可止悲，亦忘忧之类也。王如言采得，遂传其种，今则遍天下皆有矣。"

如果仅仅把这个美丽的传说视作是爱吸烟的古代烟民炮制出来赞美烟草的，那就错过了考察烟草传入中国的其中一条路径。明史专家吴晗先生曾经写过一篇著名的文章《谈烟草》，把烟草传入中国的路径分为三条："烟草不是从广州传到朝鲜、日本，而是由日本传到朝鲜，又传入我国东北的；另一路则从菲律宾传到福建、广东，又从闽广传到北方；第三条是由南洋输入广东。"

而第一条传入路线非常有趣，吴晗先生写道："在朝鲜，据荷兰水手汉末尔1668年的报告，远在五六十年前，朝鲜已经从日本输入烟草和种植的方法了。他们以为这种种子来自南蛮国，名之为南蛮草。在汉末尔被俘居留在朝鲜的时候，朝鲜人已经有了吸烟的嗜好。朝鲜烟草最为中国人所爱好，两年一次的朝鲜使臣到北京来，在礼物中就有烟草一项。"

据此则刘廷玑听到的"关外人相传，本于高丽国"的传说并非毫无根据，这一传说恰恰是循着由朝鲜入中国的传播路径相伴而来的。不过，人们在悲伤的时候往往喜欢吸烟，也许它的作用还不仅仅局限于止悲痛吧。清代著名学者全祖望甚至写过一篇《淡巴菰赋》，盛赞烟草："将以解忧则有酒，将以消渴则有茶，鼎足者谁？菰材最佳……我闻淡巴，颇称乐土；寇盗潜踪，威仪楚楚。"因此全祖望将"烟草"称为"仁草"。

除了淡巴菰、淡把姑、担不归等音译之外，古代中国人还给烟草取了许许多多美丽的别名,比如金丝醺、烟酒(吸烟致醉,故名)、醉仙桃、赛龙涎、忘忧草、相思草、妖草等,最令人惊骇的是竟然还称之为返魂香!清人陆烜所著《梅谷偶笔》中说:"淡巴国有公主死,弃之野,闻草香忽苏,乃共识之,即烟草也,故也名返魂香。"不仅将淡巴菰的音译误解为"淡巴国",而且显然是从高丽王妃的传说附会而来。

从以上别名可以想见,古代中国的淡巴菰崇拜者们对烟草热爱到了何种地步!不过烟草刚刚传入欧洲时,也是作为药用植物来使用的,比如烟草的主要成分尼古丁(Nicotine)的命名,就来自一位驻葡萄牙的法国人让·尼古·德·维尔曼(Jean Nicot de Villemain),1560年,他把烟草种子带回法国种植,称它是治病的良药。这一点倒是东西方都相同,可以对比一下上述张景岳对烟草疗效的描述。

但烟草延续到现代,它的最终功能却与原初大相径庭。起印第安人于地下,大概也想象不到这种本是用来与神灵沟通、将香气敬献给神灵的仙草,竟然会成为后世娱人直至害人的成瘾植物。正如晚清医学家王士雄在《随息居饮食谱》一书中对中国人将烟草美化为仁草、瑞草这种行为的辛辣批评："淡巴菰辛温，辟雾露秽瘴之气，舒忧思郁愤之怀，杀诸虫，御寒湿。前明军营中始吸食之，渐至遍行天下，不料其为鸦片烟之先兆也。然圣祖最恶之，而昧者犹以熙朝瑞草誉之，谬矣。"

大蒜 / 佛、道两教禁止食用的荤菜

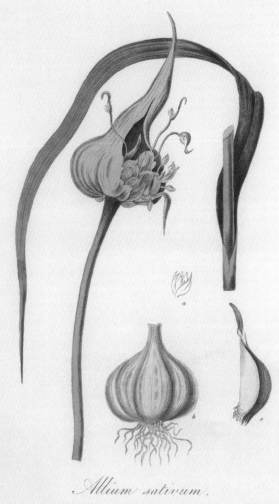

Allium sativum.

植物在丝绸的路上穿行

"蒜"，出自《药用植物学》第二卷，约翰·斯蒂芬森、詹姆斯·莫尔斯·丘吉尔著，英国伦敦，1831年出版。

蒜（拉丁名：*Allium sativum*），俗称胡蒜、独蒜、蒜头、大蒜，石蒜科葱属草本植物。鳞茎单生，球状或扁球状，常由多个小鳞茎组成，外皮白或紫色。叶宽线形或线状披针形。花葶实心，圆柱状。伞形花序密具珠芽，间有数朵花，花梗纤细，花常淡红色，子房球形。花期7月。原产亚洲西部或欧洲，栽培历史悠久，现在我国南北普遍栽培，其幼苗、花葶和鳞茎均供蔬食，鳞茎还可以作药用。历史上大蒜被广泛用作香料和壮阳药，它独特的刺激性辛辣气味来自蒜素，是一种天然的杀菌剂。

美国东方学家劳费尔在《中国伊朗编》一书中写道：
"虽然许多葱属植物是中国土生的，但是有一种叫作胡蒜
或葫蒜（胡国或伊朗的蒜），从它的名字就可以看出中国
人是把它当作从外国来的植物。用滥了的老传说认为它也
是张骞传播到中国的，这传说的起源较晚，初次见于伪作
品《博物志》……1915 年我竭力纠正这个成见，尤其是纠
正夏德在 1895（年）所发表的认为一般的蒜类最早都是张
骞介绍到中国的错误看法。可是 1917（年）他又重述这错
误的看法，其实他只要看一下《中国植物志》就会相信至
少有四种薤在中国有史以前就有了。"

　　劳费尔所说的"中国有史以前就有"的"四种薤"，

　　　　　　　　　　　　植物在丝绸的路上穿行

是指韭、薤、葱、蒜。

韭当然就是韭菜，《说文解字》："韭，菜名。一种而久者，故谓之韭。"许慎的意思是说一棵韭菜可以永久生长，因为待其长高之后，剪去上部，保留根部，韭菜仍然可以复生复长。"韭"字下面的一横表示地面，韭菜在地面上能够一茬一茬永久生长，故名之曰与"久"同音的"韭"。

"薤（xiè）"在今天虽然是一个极其生僻的汉字，但其所指的蔬菜在古人的日常生活中却是不可或缺的。不过这种植物今天已经非常稀有，仅仅在南方还有少量种植，称作藠（jiào）子或藠头。《说文解字》："薤，菜也，叶似韭。"这是说薤的叶子长得像韭菜，因此下面有个"韭"字。薤的气味和葱差不多，因此常常跟葱一起食用。《礼记·内则》中载"膏用薤"，动物的油脂一定要和薤一起烹调。白居易《春寒》一诗中吟咏道"酥暖薤白酒"，说的就是用酥油炒薤白（薤的根茎），投之入酒中，令其别有风味。

今人只把葱当作调味品使用，但是在古代，葱却是一种蔬菜。《说文解字》："葱，菜也。"正是此意。之所

《王振鹏养正图十则》之"任棠拔薤"，明/清佚名绘，绢本设色长卷，美国大都会艺术博物馆藏。

王振鹏，生卒年不详，字朋梅，浙江温州人。元代著名画家，擅长人物画和宫廷界画，元仁宗赐号为"孤云处士"，官至漕运千户。《养正图》又称《圣功图》，是带有启蒙教育性质的作品，内容皆为历代贤明君主的故事。这套《养正图》虽是王振鹏款，却是明清人所绘。

这幅画中的典故出自《后汉书·庞参传》。庞参，字仲达，汉安帝时为汉阳太守。听说郡人任棠有奇节，庞参前去拜访，"棠不与言，但以薤一大本，水一盂，置户屏前，自抱孙儿伏于户下"。庞参思索良久，明悟其意："水者，欲吾清也。拔大本薤者，欲吾击强宗也。抱儿当户，欲吾开门恤孤也。"于是叹息而还。庞参在任上果然抑强助弱，以惠政得民。后遂以"拔薤"比喻除暴安良的仁政。

李时珍在《本草纲目》中写道："薤，八月栽根，正月分莳，宜肥壤。数枝一本，则茂而根大。叶状似韭，韭叶中实而扁，有剑脊。薤叶中空，似细葱叶而有棱，气亦如葱。二月开细花，紫白色。根如小蒜，一本数颗，相依而生。五月叶青则掘之，否则肉不满也。"任棠能拔得一大株青薤，时节当在春天。画面上杏花盛开，绿柳飘拂，的确是春景。手中薤，盂中水，怀中小儿，皆是家常切身事物，古人取物譬喻，往往令人感到亲切隽永。

以叫"葱"，李时珍在《本草纲目》中解释说："葱从囱。外直中空，有囱通之象也。""葱"的繁体字形是"蔥"，因此李时珍说"葱从囱"，叶子呈圆筒形，中空，就像通气的烟囱一样。李时珍又说："诸物皆宜，故云菜伯、和事。"菜中之伯，可见葱在各种蔬菜中的地位之重要；葱又可以调和各种菜肴，就像和事佬一样，因此又称"和事"。《礼记·内则》中载："脍，春用葱。"细切的肉，春天的时候要跟葱一起烹调。又载："脂用葱。"动物的油脂一定要和葱一起烹调。

至于蒜，两汉间的《大戴礼记·夏小正》中写道："卵蒜也者，本如卵者也。"西晋学者崔豹所著《古今注》中也说："蒜，卵蒜也，俗人谓之小蒜。"中国土生的蒜称作小蒜，又叫卵蒜，形容蒜的形状，就像一颗一颗的卵。李时珍在《本草纲目》中称之所以命名为"蒜"，乃是因为"像蒜根之形"。

以上四种古人所食的菜，都属于葱类植物，因此劳费尔才称为"四种薤"。

劳费尔认为大蒜由张骞传入中国的传说始于西晋张华所著的《博物志》，这其实是不对的。东汉学者王逸所著

植物在丝绸的路上穿行

的《正部论》一书中就已经提到过这个传说，该书虽然早已亡佚，但《太平御览》中保留了这一珍贵的史料。《太平御览》的引文为："《正部》曰：张骞使还，始得大蒜、苜蓿。"

不仅如此，成书于汉代、王逸也曾参与编修的《东观汉纪》一书中早有"葫蒜"的名称。该书《李恂传》中写道："李恂为兖州刺史，所种小麦、葫蒜，悉付从事，一无所留，清约率下，常席羊皮，卧布被，食不二味。"这是描写兖州刺史李恂的清廉。

葫蒜（胡蒜）即大蒜，崔豹《古今注》说："胡国有蒜，十许子共为一株，箨幕裹之，名为胡蒜，尤辛于小蒜，俗人亦呼之为大蒜。""箨（tuò）"原指竹皮，"幕"通"膜"，意思是胡蒜由皮膜包裹起来。这种蒜比中国本土的小蒜要辣，因此又称作大蒜。

大蒜的原产地是西亚和中亚。日本学者星川清亲在《栽培植物的起源与传播》一书中对大蒜的传播路线有着精确的描述："大蒜于古代传入西方。古埃及（公元前3200—前2780）的第一、二王朝时代，蒜和元葱同时被人们栽植，在古墓的壁画中曾有描绘。古希腊罗马时代，士兵和劳动者将大蒜当作养精壮神的食物，此后普及到地中海沿岸各国。十六世纪才传入美洲，十八世纪后期传入美国，开始栽培在加利福尼亚州；大蒜在非洲各国也慢慢得到了普及。大蒜很古就传入东方，先进入印度，而后扩展到东南亚热带地区。"

如上所述，大蒜传入中国的时间最迟在汉代，也就是李时珍所说的"大蒜之种，自胡地移来，至汉始有"，而并非劳费尔认为的东晋时期。当然，王逸将之归功于张骞，不过是本书中屡屡提及的"张骞崇拜症"而已。

大蒜传入东西方，最初都是作为药用。马克·奥康奈尔和拉杰·艾瑞在《象征和符号》一书中总结道："古埃及的纸草医书上有两百多种蒜头处方，用于治疗头痛、身体衰弱和感染，埃及工匠的饮食中也包括生蒜头，以保持身体强壮。在古希腊和罗马，蒜头是力量的象征，运动员咀嚼蒜头是为了提高获胜的机会。在很多社会中，人们认为蒜头可以提供自然和超自然的保护。因此，欧洲民间传说普遍认为蒜头、丁香可以阻止狼人和吸血鬼的靠近。"

植物在丝绸的路上穿行

"大蒜"，《健康全书》插图，阿拉伯伊本·巴特兰著，约1400年泥金写本，法国国家图书馆藏。

伊本·巴特兰（约1001—1064）是伊斯兰黄金时代活跃于巴格达的一位阿拉伯基督教医生，《健康全书》是一部十一世纪的阿拉伯医学著作，有若干不同的拉丁文版本，图文并茂，涉及卫生、饮食和运动等问题，强调定期关注个人身心健康的益处。它在十六世纪的持续流行和出版，被认为是阿拉伯文化对现代早期欧洲影响的证明。

《健康全书》描述了大量可药用的蔬菜、水果、花草乃至衣物，配有精美的插图。这一页介绍了大蒜的药用价值，插图是夫妻二人正在园中收获大蒜。长成的蒜头被连根拔起，若干头捆为一束，看起来收获颇丰。书中描述了大蒜的功效：可对抗寒毒和蝎子、毒蛇的刺伤；可杀死虫子。而危害是可能损害眼睛和大脑，可用醋和油补救。味道辛辣，适用于老人和寒性体质的人，适用于冬季、山区和北方地区。描述很质朴，未涉及任何超自然内容，原作者应该想不到大蒜传到欧洲后会被用来驱逐吸血鬼吧。

古代欧洲，凡是流行吸血鬼传说的地区，家家户户门口都挂着成串的大蒜。这一民间信仰不可索解，但在宋代的中国，有一种习俗与此极为相似。南宋学者罗愿所著《尔雅翼》记载："今北人以大蒜等涂体，爱其芳气，又以护寒，且生啖之。南人所不习，效之者无不目肿。"大蒜气味辛辣，涂抹在身上何来的"芳气"？罗愿虽然语焉不详，但南宋偏居江南，他所说的"北人"当然是指长江以北沦陷于金国的居民，两国形成对峙局面，这一地区的居民刚好位于拉锯战的中间地段，也许"以大蒜等涂体"的习俗正是连年战乱之中的某种辟邪行为，与古代欧洲大蒜可以阻止吸血鬼靠近的民间信仰如出一辙。从这个意义上来说，罗愿的这一记载可谓弥足珍贵。

最有趣的是《说文解字》对"蒜"的解释："蒜，荤菜。"何为"荤"？《说文解字》解释说："荤，臭菜也。"这里的"臭"不是发臭的臭，而是读 xiù，所谓"臭菜"，是指味道浓重、辛辣的菜。荤菜即臭菜，今天的"荤"指肉类食品，古时却截然不同。

荤有五种，称作"五荤"或"五辛"，荤、辛并举，

植物在丝绸的路上穿行

是指五种有辛辣味的菜。关于五荤，李时珍在《本草纲目》中总结得非常清楚："五荤即五辛，谓其辛臭昏神伐性也。炼形家以小蒜、大蒜、韭、芸薹、胡荽为五荤，道家以韭、薤、蒜、芸薹、胡荽为五荤，佛家以大蒜、小蒜、兴渠、慈葱、茖葱为五荤。兴渠，即阿魏也。虽各不同，然皆辛熏之物，生食增恚，熟食发淫，有损性灵，故绝之也。"

炼形家指修炼形体以求超脱成仙的方士。芸薹即油菜；胡荽即芫荽，俗称香菜；兴渠又叫阿魏，一种有臭气的植物，原产于中亚地区和伊朗；慈葱即冬葱，茎叶慈柔而香，可以经冬，故称"慈葱"；茖（gé）葱即野葱。炼形家和佛、道三家认为五荤的辛辣之气"昏神伐性""有损性灵"，因此禁绝。

清代诗人赵翼曾经如此吟咏素食："古人斋食但忌荤，所谓荤者乃五辛。后人误以指腥血，葱薤羊豕遂不分。"赵翼的感叹是对的，古时之"荤"从未指肉类，相应地，"荤腥"指有辛辣味的菜和鱼、肉，"荤膻"指有辛辣味的菜和羊肉，"荤臊"指有辛辣味的菜和肉类。而"素"一开始并不是指瓜果蔬菜之类，而是如《礼记·礼运》所云"未有火化，食草木之实"，指的是草木的果实，这才叫素食，后来才引申指僧人的斋饭。

佛家的"五荤"禁忌出自后秦著名译经家鸠摩罗什所译的《梵网经》："若佛子，不得食五辛，大蒜、革葱、慈葱、兰葱、兴蕖，是五种一切食中不得食，若故食者，犯轻垢罪。"革葱即薤葱，兰葱即小蒜。

我们现在经常使用的一个日常俗语"装蒜"，很多人都以为是从"水仙不开花——装蒜"而来，水仙属于石蒜科植物。但"装蒜"一词却并非由此而来，而恰恰是出自"五荤"的食忌。罗愿《尔雅翼》中说："葫性最荤，不可食，俗人作齑以鲙鱼肉，久食伤人损目明。""葫"即胡蒜，"齑（jī）"是蒜末。罗愿又引三国名士嵇康的《养生论》说"薰辛害目"，指的正是这五荤。而"装蒜"的意思是装糊涂，"糊涂"一词的本义是视觉模糊，看不清楚，这才是"装蒜"的真正语源，即大蒜吃多了"害目"，损伤视力，而"装蒜"的人假装吃多了大蒜，故意装着看不清，又引申而为装腔作势。

喜欢吃蒜的人还有一个强词夺理的说法，罗愿对此进行了辛辣的讽刺："又云'初食不利目，多食却明，久食令人血清'，似皆好嗜者之辞。"

　　　　　　　　　植物在丝绸的路上穿行

芒果 / 爱神蜜箭上的花朵

MANGIFERA INDICA L.

植物在丝绸的路上穿行

"杧果"，出自《爪哇岛的花、果、叶：取材于自然》，贝尔特－胡拉·凡·诺顿绘，比利时布鲁塞尔，1863—1864年出版。图据1880年版。

贝尔特－胡拉·凡·诺顿（1817—1892），荷兰植物画家，牧师的女儿、凡·诺顿法官的妻子。她对植物学很感兴趣，在旅行中经常将采集的植物标本寄回荷兰的植物园。丈夫去世后，她前往爪哇岛，在那里绘制了四十幅描绘爪哇有趣植物物种的图版，集为《爪哇岛的花、果、叶：取材于自然》，结合了极高的精确度和清晰度以及柔和的新巴洛克风格，令人陶醉于热带地区丰富的形式和色彩。

杧果（拉丁名：*Mangifera indica*），俗称檬果、芒果、莽果、蜜望子等，漆树科杧果属热带植物。常绿大乔木，高10—27米；树皮厚，灰褐色，成鳞片状脱落。单叶聚生枝顶，革质，边缘皱波状。圆锥花序有柔毛；花小，芳香，黄色或带红色；花瓣长圆形或长圆状披针形，里面具3—5条棕褐色突起的脉纹，开花时外卷。核果椭圆形或肾形，微扁，未成熟时绿色，熟时黄色，中果皮肉质，肥厚，鲜黄色，味甜，果核坚硬。杧果为热带著名水果，汁多味美，可酿酒，可入药。叶和树皮可作黄色染料。木材坚硬，耐海水，宜作舟车、乐器等。原产于缅甸西北部、孟加拉国和印度之间的地区，现在国内外广泛栽培。

印度教三大主神之一的湿婆乃是毁灭之神，传说他是位美男子，他的妻子叫萨蒂。有一次，萨蒂的父亲达刹举行了一场盛大的宴会，把全宇宙的神祇都请了过来，却偏偏不请湿婆。萨蒂听说后，赶到父亲的宴会上加以质问，反而遭到众神的羞辱。萨蒂认为是自己使湿婆蒙羞，于是自焚身亡。湿婆心灰意冷，遁入喜马拉雅山苦修。

　　一万年之后，萨蒂转世为雪山神女帕尔瓦蒂（梵语 Pārvatī）。而此时横行天界的阿修罗王多罗伽与众神大战两万年都立于不败之地，原因是三大主神之一的梵天曾经赋予他百战不败的法力，除非遇到湿婆的儿子。众神非常

　　　　　　　　　　　　　植物在丝绸的路上穿行

苦恼，因为湿婆没有儿子，又在苦修，对天界的事情不闻不问。于是众神只好请求雪山神女和湿婆重续前缘，以便生下一个能够战胜多罗伽的儿子。

故事发展到这里，爱神伽摩（Kama）出场了。因为湿婆此时已经无欲无求，只顾自己修行，雪山神女只好向伽摩求助。伽摩有一把弓箭，只要射中谁，谁的心中就会燃起熊熊的爱情之火。梵语 Kama 的意思就是喜悦与情欲的爱。

于是，伽摩以春神摩杜为助手，带着妻子罗蒂，前往湿婆的住处，一箭射中了湿婆的心脏，顿时，湿婆对面前的雪山神女生起了爱慕之情。眼看大功告成，哪知湿婆神通广大，发现原来是伽摩向自己射出了爱情之箭，大发雷霆之怒，额头上的第三只眼突然张开，把伽摩烧成了灰烬。

这个故事的结局是：此计既然不成，雪山神女遂发愿苦修，最终感动了湿婆，二神再婚，一百年后生下了长子鸠摩罗，鸠摩罗终于打败了阿修罗王多罗伽，也从此加冕为战神。

最可怜的就是爱神伽摩了，虽然后来经罗蒂哀求，湿婆将她的丈夫复活，但从此不再赋予他形体，因此伽摩就成了无形之神、无身躯者。这一来也苦了印度的情人们，在根本看不到爱神伽摩的情形之下，在完全不知情的时候，说不定就被爱神之箭射中了心脏，变成了为爱癫狂的情人。

那么，爱神伽摩跟芒果这种植物有什么关系呢？关系可大啦！

希腊神话中的爱神厄洛斯和罗马神话中的爱神丘比特的形象都是一个调皮的小男孩，长着一双翅膀，手持弓箭，用金箭射中人心就会产生爱情，而用铅箭射中人心则会产生憎恶之情。这两个调皮的小男孩还喜欢漫无目的地乱射一气。

印度神话中的爱神伽摩的形象则与他们完全不同。伽摩是吉祥天女之子，也有说是梵天之子，乃是一位年轻俊秀的美男子，有两只或八只手，坐骑是鹦鹉、孔雀或车轮。和两个小男孩相同的是，他也手持一把弓箭，弓背由甘蔗制成，弓弦由嗡嗡作响的无数的蜜蜂组成，而箭镞则为花朵。

伽摩的花朵箭镞，有人认为是用五种花朵装饰的，"这五朵花分别来自阿育王树上的白色和蓝色荷花、玛丽卡树

（茉莉花）和芒果树的花，以执心为羽，以希望为镞"，但其实是由芒果花所制。

印度古典诗人迦梨陀娑所写的叙事诗《鸠摩罗出世》中吟咏道："顿时，春神安上崭新的芒果花箭，以嫩芽为可爱的箭羽，还安排有许多蜜蜂，仿佛是组成爱神名字的一串字母。"伽摩被湿婆烧成灰烬后，他的妻子罗蒂哭诉道："由雄杜鹃的美妙鸣声表明开花，花梗红红绿绿而可爱，而这些新开的芒果树花朵，你说，如今还会成为谁的箭？"无独有偶，迦梨陀娑在七幕诗剧《沙恭达罗》中描写两位宫女在春天刚刚来临时采摘芒果花的场景，一位宫女吟咏道："像是春的气息，这淡红微绿的芒果花枝条。我在上面看到了节日的吉兆。"另一位宫女吟咏道："哎呀！这朵芒果花虽然还没全开，但绽开了的花蕊已经散放出香气。（合掌）南无尊敬的爱神！芒果花呀！我把你奉献给弯弓欲射的爱神，做那五支箭中最好的一支去射那还未钟情的年轻的女人。"而此时，与爱人分离的国王正在叹息："黑暗的云雾刚从我心头洗清，我回想到对仙人女儿的深情。爱神却已经装上一支芒果花的箭，朋友呀！他正准备着向

我进攻。"（季羡林译）

很显然，芒果树开花后，每一簇上的五片花瓣被视为爱神伽摩的五支箭的象征。因此，在印度教中，芒果象征着爱与多产。不仅如此，芒果树还是释迦牟尼的象征。印度著名的巴尔胡特佛塔的浮雕《祇园布施》中，就有有钱的施主捧着一把水壶，浇灌围栏中的一棵芒果树的场景，这棵芒果树，正是佛陀的象征。直到现在，印度教和佛教寺院中还到处都可以见到芒果树的叶、花、果等各种图案。

至于芒果向印度以外传播的路线，日本学者星川清亲在《栽培植物的起源与传播》一书中描述道："印度的芒果由亚历山大一世（公元前327年）远征到印度后才被欧洲人所知。"但奇怪的是，芒果很晚才传播到世界各地，比如星川清亲所列举的"十世纪由波斯人将该植物传入东非，1331年传到索马里，1690年传入英国，十七世纪由葡萄牙人传到西非"，等等。

而印度的近邻中国，按照一般的说法，文献中第一次记载芒果的，也要晚到唐代的玄奘。玄奘在《大唐西域记》中屡屡提及"庵没罗果"，并称它"见珍人世""家植成林"。

　　《爱神伽摩》，佚名绘，纸本不透明水彩细密画，约1680年，英国维多利亚与艾尔伯特博物馆藏。

　　这是一幅十七世纪的印度细密画，大约是当时印度奥尔恰地区的画风，也许还受到戈尔康达画风的影响。时值莫卧儿王朝时期，来自波斯的细密画艺术在印度开花结果。印度细密画拓展了绘画题材，宗教、宫廷、历史、战争、贵族、民间乃至日常的草木鸟兽，均被画家收入笔端，展现了丰富生动的世俗景象。

　　这幅画描绘了一个简单美丽的场景：爱神伽摩张弓搭箭，正要将一簇粉色的花朵射向一个少女的胸口。画面设色淡雅，构图雅致，人物优美，大片均匀柔和的淡蓝背景十分悦目。爱神被描绘成一个俊美的年轻男子，除了弓弦上搭的一支芒果花箭，腰带上还别着两支。对面的少女衣着轻薄，面容秀丽，高高举起双臂，姿态伸展，回眸而视，欲走还停，欲拒还迎，表现出对即将来临的爱情的忐忑。

　　"芒果花呀！我把你奉献给弯弓欲射的爱神，做那五支箭中最好的一支去射那还未钟情的年轻的女人。"

"庵没罗果"即梵语芒果 āmalaka 的音译，还有一个梵语名称 āmra，音译为"庵罗"。至于"芒果"其名，则出自南印度的泰米尔语 manges，据说是"美好的果子"之意。

玄奘还在《大唐西域记》中记载了释迦牟尼初转法轮的鹿野苑的盛况："大垣中有精舍，高二百余尺，上以黄金隐起作庵没罗果，石为基阶，砖作层龛，翕匝四周，节级百数，皆有隐起黄金佛像。"对比一下印度佛塔浮雕中的芒果树，可知"庵没罗果"也是佛陀的象征符号。

佛经中还屡屡出现佛陀在"庵罗林"中为大众说法的记载。《杂阿含经》卷第二十一载："如是我闻：一时，佛住庵罗聚落庵罗林中，与众上座比丘俱。""如是我闻：一时，佛住庵罗聚落庵罗林精舍，与众多上座比丘俱。""庵罗园精舍"也是佛教史上著名的五大精舍之一。

《杂阿含经》是公元五世纪时由天竺高僧求那跋陀罗应刘宋王朝的邀请译出的，比玄奘早了两百年之多，可见芒果（庵罗）其名传入中国，并非在唐代。而且求那跋陀罗身为印度人，当然对芒果树非常熟悉，将芒果的梵语名称音译为庵罗，当然是顺理成章的事，玄奘只不过沿用了

植物在丝绸的路上穿行

这一译名而已。

古代中国人还给芒果取了一个美丽的别名，叫"香盖"。李时珍在《本草纲目》中引《一统志》云："庵罗果俗名香盖，乃果中极品。种出西域，亦柰类也。叶似茶叶，实似北梨，五、六月熟，多食亦无害。""柰（nài）"是一种像李子但比李子小的果实。李时珍称它"种出西域"，这一记载证明了明代中国认为芒果乃是经由陆上丝绸之路传入的认识，而且"五、六月熟"的记载也证明此时的中国已经有了芒果树的栽植，这时是十六世纪，而并非像星川清亲所说"直到十七世纪芒果树才由南洋引入"。

其实，芒果树传入中国的时间还要早得多。南宋时期，南岳衡山的道士陈田夫所著《南岳总胜集》中有"净居岩"一条，开篇就写道："在县西二里觉海寺后。飞泉喷响，古木交阴，石路曲折，岩上有庵萝果树。"这一时期的衡山就已经种植了芒果树。陈田夫又引"宪使张公绶有诗一绝云：'潺潺石磴泻洪泉，路蹑丹梯入紫烟。岩有高人无问处，庵萝双树碧参天。'"，还不止一棵，一种就是两棵芒果树！

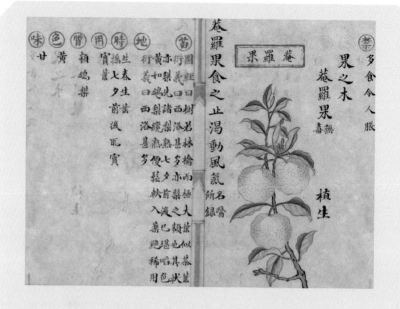

"庵罗果",《本草品汇精要》插图,明代刘文泰等撰,王世昌等绘,弘治十八年(1505)彩绘写本,德国柏林国家图书馆藏。

《本草品汇精要》为明孝宗时期太医院刘文泰等奉敕编绘,是明代唯一的官修本草。该书所录药目主要摘编于历代本草著述,成书年代早于《本草纲目》,但因明孝宗逝世,稿存内府而未刊行,仅有精美彩绘写本存世。"庵罗果"收录于卷三十四"果部下品"。绘图者想必未曾见过真实的芒果和芒果树,对"庵罗果"的描绘完全按照前人书中记载的特征:"叶似茶叶,实似北梨"(《一统志》),"其状似梨,先诸梨熟,七夕前后已堪啖。色黄如鹅梨,才熟便松软"(《本草衍义》),与芒果本尊还是有些差异的。《一切经音义》中解释"庵没罗"曰:"状如木瓜,大如鹅子,甘美,或生如熟,或熟如生,故经云,生熟难分者也。"画师若照此描述绘制,大约会更像一些吧。

植物在丝绸的路上穿行

除了"香盖"的别名之外，芒果还被美称为"望果"或"蜜望果"。清代戏曲理论家李调元所著《南越笔记》中载："望果，一名蜜望。树高数丈，花开繁盛，蜜蜂望而喜之，故曰蜜望。花以二月，子熟以五月。色黄，味甜酸，能止船晕，飘洋者兼金购之。"

闽南语则把芒果叫作"檨（shē）"，据说是荷兰人侵占台湾地区的时候引进的物种，星川清亲说"直到十七世纪芒果树才由南洋引入"，指的应该就是这种芒果树。不过，康熙、乾隆年间编撰的《台湾府志》中却说："檨子俗称番蒜，或作檨。其种云自佛国传来。孙元衡诗云：'千章夏木布浓阴，望里累累檨子林。莫当黄柑持抵鹊，来时佛国重如金。'"孙元衡是康熙年间台湾府台湾县的知县，明明白白地说芒果自佛国而来，这正是芒果树经由陆上丝绸之路和海上丝绸之路两条路线传入中国的明证。

桃

/

『中国果』和『波斯果』的有趣误会

Pfirsich, Prunus dubia persica.

植物在丝绸的路上穿行

"桃"，出自《德国植物群：自然图鉴》第八卷，雅各布·施图尔姆绘，初版于1796—1862年，此据1900—1907年第二版。

　　雅各布·施图尔姆(1771—1848)，德国著名科学插画家，十八世纪末至十九世纪初德国昆虫学和植物学出版物的主要版刻师。他还是著名的昆虫收藏家，创立了纽伦堡自然历史学会。他的昆虫学和植物学版画绘制准确，能表现最微小的细节，广受欢迎。

　　桃（拉丁名：*Prunus persica*），蔷薇科李属落叶小乔木。树高4—8米。叶卵状披针形或矩圆状披针形，边缘具细密锯齿。花单生，先叶开放；花梗极短或几无梗；萼筒钟形，被柔毛，萼片卵形或长圆形；花瓣长圆状椭圆形或宽倒卵形，粉红色，稀白色；花药绯红色。核果卵圆形，成熟时向阳面具红晕；果肉多色，多汁有香味，甜或酸甜；核表面具沟孔和皱纹。花期3—4月，果成熟期因品种而异，常8—9月。原产中国，现世界各地均有栽植，品种繁多。

在西方人的心目中，中国文化中的桃子代表长寿，比如马克·奥康奈尔和拉杰·艾瑞在《象征和符号》一书中写道："桃树起源于中国，在那里，它是神圣的生命之树，是提炼长生不老药的原料。"又比如英国学者米兰达·布鲁斯－米特福德和菲利普·威尔金森所著《符号与象征》（*Signs and Symbols*）中写道："在中国和日本，桃子代表永垂不朽。"可见桃子的这一象征意义之深入人心。

事实上，西方人心目中这种代表长寿的桃子是桃子的一种，即蟠桃。"蟠（pán）"是屈曲之意，古代中国有一座传说中的山就叫"蟠木"，相传山上生长有屈曲的神树。

而蟠桃则是一种枝丫盘曲的异种桃树，所结的果实乃是扁形的蟠桃。

不过，将蟠桃和长生联系起来的神话起源较晚，最早出自魏晋间道教中人所著的《汉武帝内传》。该书属于神话志怪小说，详细铺排汉武帝寻仙问道的故事，尤其是西王母下降会见汉武帝的场景，绘声绘色，极尽渲染之能事。

该书记载，忽然有一天，西王母的使者紫兰宫玉女前来向汉武帝传命，说七月七日西王母将来相会。到了七月七日，汉武帝斋戒设宴，静待西王母的大驾。二更之后，西王母驾云而至，随从的有数千仙人。"王母自设天厨，真妙非常。丰珍上果，芳华百味，紫芝萎蕤，芬芳填㯈。清香之酒，非地上所有，香气殊绝，帝不能名也。""㯈（lěi）"是像盘子一样盛食物的器具，中间有隔档。

然后西王母"又命侍女更索桃果。须臾，以玉盘盛仙桃七颗，大如鸭卵，形圆青色，以呈王母。母以四颗与帝，三颗自食。桃味甘美，口有盈味。帝食辄收其核，王母问帝，帝曰：'欲种之。'母曰：'此桃三千年一生实，中夏地薄，种之不生。'帝乃止"。

西晋张华所著《博物志》中也讲述了这个神话故事，不同的是还增加了东方朔偷桃的情节："唯帝与母对坐，其从者皆不得进。时东方朔窃从殿南厢朱鸟牖中窥母，母顾之，谓帝曰：'此窥牖小儿尝三来盗吾此桃。'帝乃大怪之。由此，世人谓方朔神仙也。"

汉武帝所食、东方朔所盗的这种仙桃就是蟠桃，后来被《西游记》附会为王母娘娘在瑶池中所开的"蟠桃胜会"。有趣的是，汉武帝藏下的蟠桃核竟然一直传到了明代！明代学者王世贞所著《弇州四部稿·宛委余编》记载，洪武八年（1375），朱元璋曾经向大臣出示过"元内库所藏巨桃半核，长五寸，广四寸七分。前刻'西王母赐汉武桃'及'宣和殿'十字，涂以金，中绘龟鹤云气之象，后镌'庚子年甲申月丁酉日记'"。宋徽宗宣和二年（1120）即庚子年，因此大学士宋濂怀疑这些字都是宋徽宗所书。虽然王世贞以古籍中多有大桃、巨桃的记载，否认了元代内库中所藏的巨桃核乃西王母赐给汉武帝的蟠桃核，但西王母和汉武帝的神奇故事竟然一直线索清晰地出现在古代文献中，也可谓一桩趣事了。

植物在丝绸的路上穿行

不过，在中国文化中，桃最初却并不是与长寿联系在一起的，而是具备避邪的功能。据东汉学者王充在《论衡·订鬼》中所引《山海经》佚文的记载："《山海经》又曰：沧海之中，有度朔之山，上有大桃木，其屈蟠三千里，其枝间东北曰鬼门，万鬼所出入也。上有二神人，一曰神荼，一曰郁垒，主阅领万鬼。恶害之鬼，执以苇索，而以食虎。于是黄帝乃作礼以时驱之，立大桃人，门户画神荼、郁垒与虎，悬苇索以御。"

　　"上有大桃木，其屈蟠三千里"让我们想起了前文所述的"蟠木"山，南朝宋的学者裴骃认为"蟠木"即度朔之山，那么此山的神树就是"屈蟠三千里"的桃树。在《论衡·乱龙》中，王充又声称神荼和郁垒是兄弟俩，专门负责管理众鬼，众鬼中有去害人的，二神就将它们捉拿归案。

　　神荼和郁垒从此就成为中国民间的两位门神，南朝梁的宗懔所著《荆楚岁时记》中说："绘二神，贴户左右，左神荼，右郁垒，俗谓之门神。"这对兄弟的位置为神荼在左，郁垒在右，农历一年过完的时候，就将这对兄弟请上门户，担当守门神的角色。如今的"门神"风俗早已简

植物在丝绸的路上穿行

《列仙图册·东方朔偷桃》，清代冷枚绘，绢本设色，大英博物馆藏。

　　冷枚，字吉臣，号金门外史，胶县（今山东胶州）人。清代著名宫廷画家，焦秉贞弟子，大约生活于十七世纪后期至十八世纪前期。擅人物、界画、花鸟，尤精仕女，得力于西法写生，工中带写，典丽妍雅，论者谓其"笔墨洁净，赋色韶秀"，具有很强的装饰性。

　　这套《列仙图册》人物神韵自然，造型饱满，设色精丽，艳而不腻，为冷枚传世佳作。此页画"东方朔偷桃"典故。张华《博物志》记载，西王母曾携仙桃为汉武帝祝寿，"东方朔窃从殿南厢朱鸟牖中窥母，母顾之，谓帝曰：'此窥牖小儿尝三来盗吾此桃。'帝乃大怪之。由此，世人谓方朔神仙也。"传说东方朔活了一万八千多岁，被奉为寿星，"东方朔偷桃"也成为广受欢迎的祝寿类绘画题材。画面表现东方朔从仙界偷桃后急急逃走之状，一只仙犬在后追赶吠叫。东方朔右肩扛着桃枝，上结硕大仙桃三颗，左臂挥袖遮挡头脸，胡须飘动，衣裾飞扬，一面疾走，一面回顾，既有偷桃得手后的得意窃喜，又有担心被仙吏发现的仓皇狼狈，画面生动可喜。

化了，只须买上一对神荼、郁垒兄弟贴上即可，但是在古代，这个程序使用的道具还要更多。东晋干宝所著《搜神记》载："今俗法，每以腊终除夕，饰桃人，垂苇索，画虎于门，左右置二灯，象虎眼，以祛不祥。"宋代大型类书《太平御览》引述《典术》的记载："桃者，五木之精也，故厌伏邪气者也。桃之精，生在鬼门，制百鬼。故令作桃梗人着门，以厌邪，此仙木也。"桃人、门神、苇索、老虎，这些道具无一不与《山海经》度朔之山的记载对应。

既然神荼、郁垒两兄弟的生活背景是一株伸曲三千里的大桃树，作为神树的桃木因此就具备了避邪驱鬼的功能。古人不是把门神贴上就了事，而是要将两位门神的像画在桃木板上，再悬挂在门上，这叫"桃符"。王安石的名诗《元日》"爆竹声中一岁除，春风送暖入屠苏。千门万户曈曈日，总把新桃换旧符"描写的就是这种风俗。除此之外，还要垂挂一条苇索，苇索是神荼、郁垒二神捉拿恶鬼的工具；还要画一只虎，虎是二神惩罚恶鬼之用，将恶鬼交给老虎吃掉；虎旁边还要悬挂两盏灯，象征着虎在睡觉，恶鬼不要来惊动它，否则就会被虎吃掉。

　　　　　　　　　　植物在丝绸的路上穿行

这就是桃树和桃木在中国文化中最早的象征意义：避邪驱鬼。《礼记·檀弓下》中有这样的规定："君临臣丧，以巫祝桃茢执戈。""茢（liè）"是扫帚。国君参加大臣丧礼的时候，要让主持占卜祭祀的巫祝拿着桃杖和扫帚，让小吏执戈。这是因为桃杖可以驱鬼，扫帚可以扫除不祥，兵器则可以压制凶邪之气。

植物学家玛莉安娜·波伊谢特在《植物的象征》一书中有这样的论断："倘若将当今的食用桃与中国的野生桃作一比较，便可发现二者如隔霄壤。野生桃开花很早，在中欧如遇暖冬常常在一月末，真匪夷所思。这就让人明白了一个道理：为何中国人认为桃，尤其是桃木具有非凡的魔力。道士用桃木刻出印章，用此印章密封信件，保佑人们尤其是保佑孩子不受妖魔鬼怪侵害。"这是从植物学角度对桃树魔力的解释，而在中国的神话谱系中，桃树乃是神树，桃树的魔力正是由此而来。

到了《诗经》时代，桃树开始介入人们的婚姻生活，成为幸福婚姻的象征。《诗经·周南·桃夭》是一首著名的诗，全诗是："桃之夭夭，灼灼其华。之子于归，宜其室家。

桃之夭夭，有蕡其实。之子于归，宜其家室。桃之夭夭，
其叶蓁蓁。之子于归，宜其家人。"

蕡（fén），即将成熟的果实肥大的样子；蓁蓁（zhēn），
草木茂盛的样子。马持盈先生的白话译文为："桃树长得
是那样的旺盛，它的花儿又那样的鲜艳，正是春暖花开的
时候，好像这个漂亮的大姑娘也正是出嫁的时候了，嫁到
婆家，一定会与其家人相处得很和善的。桃树长得是那样
的旺盛，它的果实又是那样的丰硕，好像这个漂亮的大姑娘，
嫁到婆家，一定会与其家人相处得很和善的。桃树长得是
那样的旺盛，它的叶子又是那样的繁茂，好像这个漂亮的
大姑娘，嫁到婆家，一定会与其家人相处得很和善的。"

"桃之夭夭"是全诗最重要的意象。"夭夭"是形容
桃树生长得华美旺盛的样子，"桃"与"逃"同音，后人
于是将这个词给诙谐化为"逃之夭夭"，比喻逃跑得远远的，
但"夭夭"从来没有"远远的"的意思。从举行盛大婚礼
的桃树下逃跑，未免大煞风景。

玛莉安娜·波伊谢特在《植物的象征》一书中对桃的
象征意义有一个错误的见解："桃运至罗马，随之带来

　　　　　　　　植物在丝绸的路上穿行

的只是一小部分与中国有关的象征意义，即人们普遍感兴趣的色情部分。"如上所述，中国文化中的桃，最初的象征意义是避邪驱鬼，第二个象征意义是婚礼时的祝福，哪里来的色情含义？传到欧洲之后，正如马克·奥康奈尔和拉杰·艾瑞在《象征和符号》一书中所说："在早期欧洲，桃子被称为'维纳斯之果'，是罗马婚姻之神许门的圣果。"即使是玛莉安娜·波伊谢特本人也在《植物的象征》一书中承认："在中国，当时人们喜欢把婚娶吉日选择在桃花盛开之时；桃子在罗马也成了婚礼的象征，亦是婚姻之神许门的标志。"

Hymen（汉译许门或海门，旧译许墨奈俄斯），古罗马的婚姻之神，是一位戴着鲜花项圈、手执火炬的英俊少年，"他拍击着雪白的翅膀，往往飞在迎亲队伍的前头。他手中的婚礼火炬烧得通亮。在婚礼进行的时候，载歌载舞的姑娘们请来许墨奈俄斯，请求他为年轻人的婚姻祝福，使他们生活欢乐"（引自尼·库恩《希腊神话》），又是哪里来的色情含义？

桃的拉丁异名之一是 *Amygdalus persica*，其中 *persica* 是

波斯之意。劳费尔在《中国伊朗编》一书中描述了桃由中国传至欧洲的路线："（桃）或许是绸缎商人带去的，首先带到伊朗（公元前200或100年），从那里再到亚美尼亚、希腊和罗马（公元第一世纪）。"因为是通过伊朗传入的，欧洲人误以为桃的原产地就是伊朗，所以才以"波斯"命名。这是东西方的物产交流史上常常发生的有趣事例。

　　印度是中国的近邻，桃其实最先传到了印度。唐代高僧玄奘在《大唐西域记》卷四"至那仆底国"一条中记载了一则有趣的故事："昔迦腻色迦王之御宇也，声振邻国，威被殊俗，河西蕃维畏威送质。迦腻色迦王既得质子，赏遇隆厚，三时易馆，四兵警卫。此国则质子冬所居也，故曰至那仆底，质子所居因为国号。此境已往洎诸印度，土无梨、桃，质子所植，因谓桃曰至那你，梨曰至那罗阇弗咀逻。故此国人深敬东土，更相指告，语：'是我先王本国人也。'"

　　迦腻色迦王（78—102）是古印度贵霜帝国的第三任国王，他在位期间，国势强盛，向东扩张到葱岭地区以东。此时中国正处于东汉时期，黄河以西的部族（即"河西蕃维"，也有说是指疏勒国，即今新疆喀什）慑于迦腻色迦王的威势，遂献上人质。迦腻色迦王给这位人质的待遇非常优厚，把他冬天所居之处命名为"至那仆底"，《大唐西域记》原注："唐言汉封。""至那"即"支那"，梵语 cīna，是佛教经典对中国的称呼。"至那仆底"意为"中国之地"，在今天印度的旁遮普省东部。质子所栽种的桃被称为"至那你"，意为"中国果"，《大唐西域记》原注："唐言汉持来。"质子所栽种的梨被称为"至那罗阇弗呾逻"，意为"中国王子"，《大唐西域记》原注："唐言汉王子。"

　　劳费尔在《中国伊朗编》一书中令人信服地对玄奘的记载做了一个总结："这些名字现在还流行。玄奘在公元630年记述的五百年前发生的故事，虽是他在印度无意听到的口头传说，但是他这人是确实可靠的，已久经考验……我之所以接受玄奘的记载，有着两个原因：从植物学观点来看，桃树不是印度土生的，在印度只有栽培的桃树，而且生长得不茂盛，果实质量不高，而且味酸。这树也没有古梵语的名字，它在印度民间传说里也不像在中国那么重要。此外，关于它移植到印度的时代，那是和它移植到西

亚细亚的时代相同。"

《大唐西域记》卷一又记载这位质子夏天居住在迦毕试国，专门为他所建的伽蓝（寺院）的屋壁上"图画质子容貌，服饰颇同东夏，其后得还本国，心存故居，虽阻山川，不替供养"。

这就是桃树传入印度的始末。如上所述，印度称桃为"中国果"，而欧洲却称作"波斯果"，实在是太有趣的误会！

《宫廷女子聚会》，佚名绘，纸本不透明水彩细密画，十七世纪晚期至十八世纪早期，美国大都会艺术博物馆藏。

这是一幅以宫廷贵族生活场景为题材的印度细密画，描绘了一幕难得一见的宫廷女子休闲宴乐的图景。在宫闱庭园一处露天阳台上，一群贵妇带着婴儿聚在一起玩乐，整个场景散发着轻松平和的气氛。妇女们或倚或靠或躺在华丽的丝毯和靠垫上，织物上装饰着中国风的凤凰和云彩图案。她们一边吃着石榴和桃子，享用着美酒，一边聊天，逗弄孩子或倾听音乐。画中女子衣饰华丽，遍身珠宝，所用的果盘、酒瓶等器物亦精美异常。画面以半俯视视角展开，设色秾丽鲜艳，有种花团锦簇的装饰美感。

除了受中国画的影响，细密画也受到欧洲的线性透视和明暗对比绘画技法的影响，对复杂场景的刻画显得乱中有序，层次丰富。细密画本身是东西方绘画艺术交融的产物，从波斯传入印度后大放光彩，波斯艺术家又反过来从印度绘画中吸收了许多技艺，包括对动植物的真实描绘、肖像创作等。小小一幅细密画体现的艺术交流与画中女子享用的"波斯果"的传播史可以说相映成趣。

杏

/

从出墙的喜剧到自阉的迷狂

Abricot-pêche.

De Magriarie de Langlois   Bouquet Andy

植物在丝绸的路上穿行

"杏"，出自《法国果树学：法国最美水果集》第一卷，皮埃尔·安托万·波托著，法国巴黎，1846年出版。

皮埃尔·安托万·波托（1776—1854），法国植物学家、植物画家，枫丹白露城堡的首席园丁。他将海地的一千二百种植物带回了法国。作为一名园丁和果树学家，为改良可食用水果做出了很大贡献。他的彩色石版画也备受赞赏。

杏（拉丁名：*Prunus armeniaca*），蔷薇科李属落叶乔木。高可达8—12米，树冠开阔，小枝红褐色。叶卵形至近圆形，先端有短尖头或渐尖，边缘有圆钝锯齿。花芽2—3个在枝侧集生；花先叶开放，白色至淡粉红色，花梗极短，花萼鲜绛红色。果实近球形，黄色，或带红晕，被细柔毛，有沟，果肉多汁；果核平滑，沿腹缝有沟；种子扁圆形，味苦或甜。花期3—4月；果6—7月成熟。起源于中亚和中国，世界各地均有栽培。

关于杏的原产地以及向全世界传播的路线，日本学者星川清亲在《栽培植物的起源与传播》一书中描述道："杏的原产地是中国北部的山东、山西、河北山区以及东北南部，大约公元前 3000 年至公元前 2000 年中国已栽培杏作医药用和食用果实。公元前二世纪至公元前一世纪，杏经过天山传向西方，种植于亚美尼亚地区。亚历山大一世远征（公元前 320 年）时，传入希腊。一世纪传到罗马，然后广泛普及到地中海沿岸各国，并且发展了适合于欧洲气候条件的欧洲杏品种群。"

　　杏树的拉丁学名是 *Prunus armeniaca*。*Prunus* 是李属的

意思，杏树属于李属；*armeniaca* 意为亚美尼亚的。这个学名的意思是"亚美尼亚李子"。但正如星川清亲所说，杏由中国传到亚美尼亚后被广泛种植，欧洲人误以为杏的原产地即亚美尼亚，故有此称，但正确的学名其实应该叫作"中国杏"。

春秋时期法家代表人物管仲所著的《管子》一书，其中《地员》篇中描述九州的土壤有"五沃"之土，意思是指土质肥沃的土壤。"其梅其杏，其桃其李，其秀生茎起"，种植在这种土壤中的梅、杏、桃、李，花朵盛开，树干挺拔。这是中国古代文献中第一次提到种植杏树。

《山海经·中山经》中也有"灵山，其上多金玉，其下多青䕯，其木多桃、李、梅、杏"的记载，"䕯（huò）"是石脂之类的矿物，"青䕯"即青色的矿物颜料，作涂饰之用，亦可入药。

《庄子·渔父》中则描述了孔子教学的动人场景："孔子游乎缁帷之林，休坐乎杏坛之上。弟子读书，孔子弦歌鼓琴。""缁（zī）"是黑色。唐初著名道士成玄英注解说："缁，黑也。尼父游行天下，读讲《诗》《书》，时于江滨，

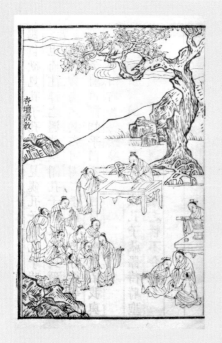

《孔子圣迹图·杏坛设教》，出自《圣庙祀典图考》附"孔孟圣迹图"，清代顾沅编，孔继尧绘，道光六年（1826）吴门赐砚堂顾氏刊本。

孔继尧，字砚香，号莲乡，江苏昆山人。工诗文，画宗元人黄公望，山水、花鸟皆神妙，尤精人物，长于民俗题材，道光七年（1827）创建的苏州沧浪亭"五百名贤祠"画像皆其摹绘。

《孔子圣迹图》是描绘孔子一生事迹的连环图画，约产生于明代中期，兴盛于明代晚期，形成固定图谱。这幅"杏坛设教"描绘的是孔子于杏林设坛讲学，教育弟子的场景。"孔子居杏坛，贤人七十，弟子三千"（《幼学琼林》），首开平民教育先河，为士林传颂。画面上孔子披卷不辍，众弟子三五相聚，探讨学问，均乐在其中。一株高大古老的杏树作为背景，老树新叶，生生不息。

植物在丝绸的路上穿行

休息林籁，其林郁茂，蔽日阴沉，布叶垂条，又如帷幕，故谓之缁帷之林也。"游学到茂密的森林之中，孔子坐在种满杏树的土坛之上休息，弹琴唱歌，而他的弟子们则在读书。这幕场景美如画，同时也证明那时杏树已遍植中土。

东晋道教学者葛洪所著《神仙传》中，还有一个著名的"杏林"传说。东汉时期的福建名医董奉（字君异）"居山间，为人治病不取钱物，使人重病愈者，使栽杏五株，轻者一株。如此数年，计得十万余株，郁然成林，而山中百虫群兽游戏杏下，竟不生草，有如耘治也。于是杏子大熟，君异于杏林下作箪仓，语时人曰'欲买杏者，不须来报，径自取之，得将谷一器置仓中，即自往取一器杏'云。每有一谷少而取杏多者，即有三四头虎噬逐之，此人怖惧而走，杏即倾覆，虎乃还去，到家量杏，一如谷少。又有人空往偷杏，虎逐之，到其家，乃啮之至死，家人知是偷杏，遂送杏还，叩头谢过，死者即活。自是已后，买杏者皆于林中自平量之，不敢有欺者。君异以其所得粮谷赈救贫穷，供给行旅，岁消三千斛，尚余甚多"。

葛洪的叙述明白如话，不再译为白话文。这个故事也证明，汉魏时期的南方，杏树已经是常见植物。葛洪又记载道："君异在民间仅百年，乃升天，其颜色如年三十时人也。"董奉成仙之后，"妇及养女犹守其宅，卖杏取给，有欺之者，虎逐之如故"，他的妻子和养女就靠着这片杏林为生，有想来欺负这对寡母孤女的，林中的老虎就出来逞威风，赶走那些坏人。

为了纪念这位行医济世的名医，当地人在杏林中设坛祭祀，又在董奉隐居处修建了杏坛、真人坛、报仙坛。时间一长，"杏林"便渐渐成为医家的专用名词，人们还常常爱用"杏林春暖""誉满杏林"之类的话来赞美那些像董奉一样具有高尚医风的名医。

由此可知，在早期中国文化谱系中，杏首先作为食用果实，其次作为药用果实，诸家医书中有很多药方，此不赘述。有趣的是，由于杏的食用价值，古人为杏附加了许多传奇色彩，比如辑抄西汉杂史的《西京杂记》一书，就记载了汉武帝修建的上林苑中有文杏和蓬莱杏，文杏上有文彩，蓬莱杏则为"东郭都尉于吉所献，一株花杂五色，六出，云是仙人所食"。又如北宋大型类书《太平御览》

植物在丝绸的路上穿行

引南朝梁著名文学家任昉《述异记》的记载："杏园洲：南海中多杏，海上人云仙人种杏处。汉时，常有人舟行遇风，泊此洲五六月，日食杏，故免死。云洲中有冬杏。"同书又说："天台山有杏花，六出而五色，号仙人杏。"

　　杏的原始含义从唐代开始遭到颠覆。首先因为杏花盛开时的美丽景象，它的观赏价值一跃而替代了食用和药用价值。长安城大雁塔的南边有一座杏园，唐人李淖所著《秦中岁时记》载："进士杏园初宴谓之探花宴。差少俊二人为探花使，遍游名园，若它人先折花，二使皆被罚。"进士及第之后要在这座杏园举办探花宴，同榜中最年轻的两位进士担任探花使，又称探花郎，在园中采折杏花，如果他人抢先采折到了杏花，两位探花郎就要受罚。

　　五代学者王定保所著《唐摭言》中也记载了这一习俗："神龙已来，杏园宴后，皆于慈恩寺塔下题名，同年中推一善书者纪之。"神龙是唐中宗的年号，从这时开始，新科进士都要在慈恩寺的大雁塔下题名，推举书法好的同年进士将他们的姓名、籍贯和及第时间用墨笔书写在墙壁上，因此留下了"雁塔题名"的典故。

既有杏园之宴，那么观赏盛开的杏花乃属题中应有之义。杨知至落第后就曾经吟咏道："二月春光正摇荡，无因得醉杏园中。"抒发不能参加杏园宴，不能观赏杏花的惆怅心情。而郑谷的《曲江红杏》则写出了自己及第的喜悦心情："遮莫江头柳色遮，日浓莺睡一枝斜。女郎折得殷勤看，道是春风及第花。"

自此开始，唐代诗人的咏杏诗层出不穷，比如高蟾的名句"天上碧桃和露种，日边红杏倚云栽"。红杏也开始和妙龄女郎联系起来，比如李洞《赠庞炼师》："两脸酒醺红杏妒，半胸酥嫩白云饶。"比如张泌《所思》："隔江红杏一枝明，似玉佳人俯清沼。"

不仅如此，在唐代诗人的吟咏声中，"红杏"也开始"出墙"，比如温庭筠《杏花》一诗："红花初绽雪花繁，重叠高低满小园。正见盛时犹怅望，岂堪开处已缤翻。情为世累诗千首，醉是吾乡酒一樽。杳杳艳歌春日午，出墙何处隔朱门。"又比如吴融《杏花》一诗："粉薄红轻掩敛羞，花中占断得风流。软非因醉都无力，凝不成歌亦自愁。独照影时临水畔，最含情处出墙头。裴回尽日难成别，更待黄昏对酒楼。"同样是这个吴融，还有一首《途中见杏花》："一枝红艳出墙头，墙外行人正独愁。长得看来犹有恨，可堪逢处更难留。林空色暝莺先到，春浅香寒蝶未游。更忆帝乡千万树，淡烟笼日暗神州。"对比一下南宋诗人叶绍翁的名诗《游园不值》："应怜屐齿印苍苔，小扣柴扉久不开。春色满园关不住，一枝红杏出墙来。""一枝红艳出墙头"，正是"一枝红杏出墙来"的张本，可惜人们只记住了叶绍翁的名句，却不知道唐诗中早已"红杏出墙"。

玛莉安娜·波伊谢特在《植物的象征》一书中写道："它那远早于其他植物的花期却也使它具有了丰富的象征意义，能与它争奇斗妍的，充其量不过是一些鳞茎花而已，诸如番红花或花期最早的鸢尾和水仙。杏花被视为'唤醒希望的花'。"马克·奥康奈尔和拉杰·艾瑞在《象征和符号》一书中也写道："在中国，杏跟女人的美丽和性欲有关。出墙红杏代表有外遇的已婚女人。"

而米兰达·布鲁斯－米特福德和菲利普·威尔金森所著《符号与象征》中则总结得更加有趣："在中国古代文

化中，杏树暗指女性的娇媚与达观。"读到这个观点时我"扑哧"一声笑了出来，以杏花比喻女性，娇媚固然娇媚，达观作何解释呢？达观是指对一切事情都看得很开，以之形容女性，那么女性最达观的行为显然就是对外遇满不在乎了。中国人用"红杏出墙"来命名这种行为，虽然带有一丝戏剧色彩，但也隐含着讽刺之意；而西方学者径以"达观"喻之，中西思维的区别在这里表现得非常清晰。

而这一切的原因就在于，杏在早春即开花，花儿开得又热闹，所以用来比喻那些大胆追求爱情的妙龄女子。同时，封建礼教对女子的要求是大门不出二门不迈，深居闺阁，抛头露面便是伤风败俗，而"出墙"的"红杏"那种招摇的姿态，恰恰跟不守妇道的轻浮女子相像，因此生发出"女子不贞"的含义。晚唐诗人薛能是第一个这么作比的："活色生香第一流，手中移得近青楼。谁知艳性终相负，乱向春风笑不休。"

薛能的这首《杏花》甚至直接将红杏比作青楼女子，以至于开了明末清初著名戏曲家李渔将杏树污蔑为"风流树"的先河。李渔在《闲情偶寄》一书中写道："种杏不实者，以处子常系之裙系树上，便结累累。予初不信，而试之果然。是树性喜淫者，莫过于杏，予尝名为'风流树'。噫，树木何取于人，人何亲于树木，而契爱若此，动乎情也？情能动物，况于人乎！必宜于处子之裙者，以情贵乎专；已字人者，情有所分而不聚也。予谓此法既验于杏，亦可推而广之。凡树木之不实者，皆当系以美女之裳；即男子之不能诞育者，亦当衣以佳人之裤。盖世间慕女色而爱处子，可以情感而使之动者，岂止一杏而已哉！"

用不着植物学家出面，从常识就可以判断李渔完全是胡说八道！他把处女的裙子系在不结果实的树身上的所谓亲身试验也不可能是真的，而将佳人之裤穿在不能生育的男人身上的说法更属荒谬。这是对杏树最为登峰造极的意淫！

清代地方志《扬州府志》中记载了一则故事，可视作对这一意淫的辛辣讽刺："太平园中有杏数十株，每至烂开，太守大张宴，一株命一妓倚其傍，立馆曰'争春'。开元中，宴罢，或闻花有叹息之声。"这位扬州太守的行为显然是对进士及第的杏园之宴的拙劣模仿，只不过将进士换成了妓女，而杏花的叹息之声，正是对这种强加的意淫之辞的无奈控诉。李渔这个老流氓听到杏花的叹息之声了吗？

红杏出墙，在中国文化谱系中，就此变成了女人外遇的代名词；诡异的是，杏树传到亚美尼亚及其邻近的弗里吉亚（古国名，位于今土耳其中西部）之后，竟然生发出了与此有异曲同工之妙的象征意义。

弗里吉亚人信奉地母神西布莉（Cybele，又译为库柏勒），这一信仰后来传入古希腊和罗马。西布莉爱上了俊美的阿提斯，命他当自己的随从和祭司，但阿提斯却爱上了另一位仙女，西布莉勃然大怒，运用法力使他发了疯，阿提斯跑到山上自阉而死，割下的阳具化为杏树之种（一说为松树）。

对阿提斯的崇拜导致了一项血腥的秘密仪式，玛莉安娜·波伊谢特在《植物的象征》一书中对这项仪式进行了令人战栗的描述："西布莉，源起于小亚细亚的异教丰饶女神，有一批称为'迦洛伊'的信徒，他们以狂热的舞蹈祭拜女神，直至自笞甚而自阉。传说在一场这样的疯狂仪式之后，西布莉把她情人阿提斯的睾丸埋在一棵杏树底下，从此那棵树就只结苦果了。所以苦杏仁象征着痛苦、悲伤与悔恨。"

正是因为这个原因，杏树和杏仁在基督教文化谱系中也成为救赎的象征，正如美国学者米尔恰·伊利亚德在《宗教思想史》（*Histoire des croyances et des idées religieuses*）一书中所写的："它在公元最初几个世纪的罗马帝国发展成了一种盛行的救赎宗教……阿提斯和库柏勒崇拜使人们有可能重新发现性、肉体的折磨和流血的宗教价值。门徒的忘我状态能使自己从规范和习俗的权威之下解脱出来，在某种意义下，那就是自由的发现。"

这一象征意义大概完全出乎中国人的意料，也算是红杏从中国"出墙"到西方之后，结出的另一枚迥然不同的神话学果实了吧。只不过这两枚果实，"红杏出墙"的喜剧更像是甜杏仁，而自阉的迷狂和救赎行为则更像是苦杏仁罢了。

MDM ET ATTINIS

LCORNELIVS SCIPIOOREITVS
V CAVGVRTAVROBOLIVM
SIVE CRIOBOLIV M FECIT
DIE IIII KAL MART
TVSCO ETANVLLINO COSS

西布莉与阿提斯祭坛，古罗马
浮雕，约295年，意大利罗马文明
博物馆藏。

这是一块古罗马时期的祭坛浮
雕，描绘了西布莉与阿提斯的形象。
西布莉这个弗里吉亚女神在公元
前204年左右传入罗马，受到罗马
人的疯狂崇拜。她的形象总是被描
绘为驾着一辆由两头狮子拉动的战
车，有时手持铜鼓或铙钹（她最喜
欢的乐器），有时举着金球或权杖，
头戴王冠，气势十足。她的情人或
侍从阿提斯是一个俊美的男子，面
容温顺，有时手持长笛。在这块浮
雕上，西布莉驾着双狮战车，在她
对面，阿提斯斜倚着一株神圣的松
树。传说阿提斯发疯后就是在一株
松树（一说为杏树）下自我阉割，
失血而死。

古罗马时期，西布莉女神的祭
司全是阉人，这代表对女神全心全意
的忠诚和奉献。每年春分前后举行的
庆祝活动上，西布莉的祭司和崇拜
者会跳起狂野的舞蹈，沉醉在笛子、
铙钹和手鼓的音乐里，鞭笞自己或用
刀自残，让鲜血溅到祭坛或圣树上，
仿效她的爱人的自我阉割。

在一些神话中，阿提斯每年春天
会复活，与西布莉一起度过丰饶繁茂
的夏天，到了秋冬则再次死去，大地
随之萧条。他是丰产与重生之神。

植物在丝绸的路上穿行

芍药 / 无刺的玫瑰

WHITE PEONY

(PÆONIA ALBIFLORA)

²/₃ Nat. size

PL. 13

植物在丝绸的路上穿行

"白芍药"，出自《最受喜爱的花园花卉与温室花卉》第一卷，爱德华·斯特普著，英国伦敦、美国纽约，1896—1897年出版。

爱德华·斯特普（1855—1931），英国博物学作家，出版了很多通俗和专业的植物学、动物学和真菌学著作。

芍药（拉丁名：Paeonia lactiflora），又称将离、殿春、白芍、赤芍等，芍药科芍药属多年生草本植物。根粗壮，分枝黑褐色。茎高40—70厘米，无毛。下部茎生叶为二回三出复叶，上部茎生叶为三出复叶。花数朵，生茎顶和叶腋，有时仅顶端一朵开放；花瓣倒卵形，白色或粉红色，有时基部具深紫色斑块；花丝黄色。蓇葖果，顶端具喙。花期5—6月，果期8月。根入药，称"白芍"。原产亚洲，广泛分布于北半球。作为观赏花卉，园艺品种众多，有单瓣、半重瓣和重瓣等多种花型，从白到红多种花色。图上标注的"Paeonia albiflora"是其拉丁异名。

芍药的拉丁学名是 *Paeonia lactiflora*，前一个词源自一个人的名字，中文译为派翁或派厄翁（Paeon），古希腊神话中的医神，同时也是太阳神阿波罗的另外一个代名。玛莉安娜·波伊谢特在《植物的象征》一书中写道："荷马史诗《伊利亚特》是描写希腊人围攻特洛亚城的，其间阿波罗用芍药根治愈了武士们的伤病，从此，芍药在北半球就成了最重要的药物之一。"

廖光蓉先生所著《英语词汇与希腊罗马神话》一书中则如此讲解英文的 peony（芍药）一词："据传说，该词源自特洛伊战争中专治众神造成创伤的医生 Paeon（帕伊

植物在丝绸的路上穿行

安）。芍药种子曾被做成项链挂在脖子上，用作驱邪的符咒。"

芍药原产于中国，而《伊利亚特》则创作于公元前九世纪，那么也就意味着早在丝绸之路开通前将近一千年的时候，芍药就已经传入了古希腊。而且有趣的是，在英语和其他欧洲语言中，"芍药"和"牡丹"是一个词，这种情形与古代中国对这两种花卉的命名惊人地相似。

南宋学者郑樵在《通志·草木昆虫略》中引西晋崔豹《古今注》说："芍药有二种，有草芍药，有木芍药。"隋唐之前并无"牡丹"之名，而是称作"木芍药"。郑樵接着写道："牡丹亦有木芍药之名，其花可爱如芍药，宿枝如木，故得木芍药之名。芍药著于三代之际，风雅之所流咏也。牡丹初无名，故依芍药以为名，亦如木芙蓉之依芙蓉以为名也。牡丹晚出，唐始有闻，贵游趋竞，遂使芍药为落谱衰宗。"

所谓"落谱衰宗"，意思是沦落于花谱之外衰败的宗族。这是郑樵为芍药鸣不平。

五代时期王仁裕所著《开元天宝遗事》中记载了一则唐玄宗和杨贵妃的逸事："明皇与贵妃幸华清宫，因宿酒初醒，凭妃子肩看木芍药。上亲折一枝与妃子，遍嗅其艳。帝曰：'不惟萱草忘忧，此香艳尤能醒酒。'"萱草俗称金针菜、黄花菜，《诗经·卫风·伯兮》中吟咏道："焉得谖草，言树之背。""谖草"即萱草，古人认为萱草乃是忘忧草，儿子远游之前，要在母亲所住的北堂的阶下种植萱草，盼望母亲忘掉儿子不在身边的忧愁，因此母亲又别称为"萱堂"。唐玄宗折下的木芍药就是牡丹，他还风雅地叫它"醒酒花"。

牡丹从芍药中分离出来，得名之后，风头一下子就压过了芍药。古人称牡丹为"花王"，"落谱衰宗"的芍药则沦落为"花相"。

"花王"之名最早出自北宋著名文学家欧阳修所著的《洛阳牡丹记》："钱思公曰：'人谓牡丹花王，今姚黄真可为王，而魏花乃后也。'"钱思公即北宋大臣钱惟演，可见北宋时期人们已将牡丹视为"花王"。"花相"之名则出自南宋著名诗人杨万里《多稼亭前两槛芍药，红白对开二百朵》一诗："好为花王作花相，不应只遣侍甘泉。"原注解释说："论花者以牡丹王，芍药近侍。"可见此时

植物在丝绸的路上穿行

民间已有芍药为"花相"的说法。

郑樵不是为芍药鸣不平的唯一一人，前文中刚刚骂过的戏曲家李渔也在《闲情偶寄》中为芍药鸣不平。他愤愤然地写道："芍药与牡丹媲美，前人署牡丹以'花王'，署芍药以'花相'，冤哉！予以公道之。天无二日，民无二王，牡丹正位于香国，芍药自难并驱。虽别尊卑，亦当在五等诸侯之列，岂王之下，相之上，遂无一位一座，可备酬功之用者哉？历翻种植之书，非云'花似牡丹而狭'，则曰'子似牡丹而小'。由是观之，前人评品之法，或由皮相而得之。噫，人之贵贱美恶，可以长短肥瘦论乎？"

然后李渔又嘘寒问暖地安慰芍药："每于花时奠酒，必作温言慰之曰：'汝非相材也，前人无识，谬署此名，花神有灵，付之勿较，呼牛呼马，听之而已。'"李渔真乃深爱芍药者，这一番安慰话令人笑破肚皮！

西方人如果得知郑樵和李渔对芍药的深情，不知道还能不能心安理得地用同一个词称呼二者。

三千年之前的古代中国人早已经认识到芍药的药用价值，尤其是芍药的根含有芍药苷和苯甲酸，可以治疗痉挛、痛风、妇科病等各种病症。这一药用价值同样传到了古希腊的医学体系之中，从而成就了派翁"医神"甚至"诸神的医生"之美誉，他们甚至还用派翁的名字 Paeon 来为芍药命名。

药用当然是芍药的第一价值，但并不仅仅如此，美丽的芍药花也成了爱情的信物。《诗经·郑风·溱洧》是一首郑国民歌，"溱洧（zhēn wěi）"是两条河的名字，即溱水和洧水。这首诗描写了郑国的青年男女到溱水和洧水边游玩，互相赠送芍药以表达爱慕之情的动人场景。

全诗如下："溱与洧，方涣涣兮。士与女，方秉蕑兮。女曰观乎？士曰既且，且往观乎？洧之外，洵讦且乐。维士与女，伊其相谑，赠之以勺药。溱与洧，浏其清矣。士与女，殷其盈矣。女曰观乎？士曰既且，且往观乎？洧之外，洵讦且乐。维士与女，伊其将谑，赠之以勺药。"

蕑（jiān），兰草；讦（xū），大。马持盈先生的白话译文为："溱与洧正在涣涣而流，士女们正在持兰同游，女的说：'我们去看看好吗？'男的说：'我曾经去看过。'女的说：'我们可以到洧水之外去看看，那里实在是令人快乐。'于是男的和女的说说笑笑，前往观看。临别之时，男的赠送女的以勺药，作为纪念。溱与洧清澄无比，来游的士女，人山人海。女的说：'我们去看看好吗？'男的说：'我曾经去看过。'女的说：'我们可以到洧水之外去看看，那里实在是令人快乐。'于是男的和女的说说笑笑，前往观看。临别之时，男的赠送女的以勺药，作为纪念。"

这一幕相爱的场景真是动人，芍药因此也成了赠别之物。西晋学者崔豹所著《古今注》中模拟了两个人的对话："牛亨问曰：'将离别，相赠以芍药者何？'答曰：'芍药一名可离，故将别以赠之，亦犹相招召赠之以文无，文无亦名当归也。'"芍药因此得了两个别名"可离"和"将离"。

充当爱情的信物，这是芍药的第二个功用。传到欧洲之后，这一功用也并没有消失，欧洲人称它为"无刺的玫瑰"。男人赠送给女人玫瑰的含义尽人皆知，这一名称让我们想起了"维士与女，伊其相谑，赠之以勺药"的动人描写。

爱情的信物是如此贵重，爱情又是如此神圣，因此在欧洲的文化谱系中，芍药又生发出神圣之意，正如玛莉安

"雌芍药"，出自古希腊《药典》的阿拉伯文写本，原著者为约公元一世纪的佩达尼奥斯·迪奥斯科里德，1889—1890 年出版。

佩达尼奥斯·迪奥斯科里德是公元一世纪罗马军队的外科医生，著名植物学家及药物学家，他所著的《药典》记录了约六百种药用植物，被广泛使用数世纪。约十二世纪，该书从叙利亚语翻译成了阿拉伯文。

芍药属含四十余种，大部分原产亚洲。此页描绘的植物被标注为"*Paeonia officinalis*"，译为"药用芍药"或"荷兰芍药"，是一种原产南欧的草本芍药，花碗形，深粉至深红色，晚春开放。与中国芍药一样以根部

入药，主要用来缓解疼痛和痉挛。有趣的是，与中国牡丹、芍药并称"花王""花相"类似，这种"荷兰芍药"与另一种原产欧洲的野芍药（*Paeonia mascula*）并称为"雌芍药"（female peony）和"雄芍药"（male peony），常于古老药典中对举。

"Poeny"一词源于希腊神医派翁。据说派翁是医学和治疗之神阿斯克勒庇俄斯的学生。生育女神莱托告诉派翁，奥林匹斯山上生长着一种特殊的根，可以帮助舒缓分娩之痛，这就是芍药根。阿斯克勒庇俄斯由此嫉妒他的学生，在愤怒中威胁要杀死派翁，而宙斯为了救他就把他变成了一株芍药。一些资料显示，在古希腊，孕妇会服用芍药种子来缓解疼痛。

植物在丝绸的路上穿行

حلو وسدي

وقوم شيمونده ـ طوري يون وقوم طورها لينا الصباع الاثور فاما اصله فيدي فاتناواآجوزوالحلا وقطره
والعصون يرفع شرا في مفرع وفي ملكنوه وهو نوعان احدها انثي الذكر والاخرانثي فاللذكر له وريشه
ورق الجوز والنهرانثي مثلي الورق كونتی الكرفل البری بحلة في اعلا عصون مشرلون يشبه الموز فاذا
نضجت صار اخطها جكير احمر غائر المقدار يشبه حبل الرمان في وسطه سواد وفيها ونريه ويكون فيه
خيمه اويشته   والنوع البتي ذكر كاله اصول غلاط الاصبع وطولها مقدار شبر وقطعه وضروهو
ارض   فاما النوع الذی يبدي في فيكون راصله مقدار البلوطه ويكون عليه سبعه اثمنه مثل
اصول الخصي يعطي اصله للنسا اللواتي ما يعسرمن الولاد واذا اشرب منه مقدار لوزه احد الطش يقطع
اوجاع البطن واذا اشرب با لتراب لاصحاب الجفان لاصحاب وجع الكلي والمثانه واذا اشرب با لشراب المطبوخ
حبس البطن واذا اسا واحرجبه عشراشو عشر حبه معشراب اسود اللون يبعض الطعم مع الدو الآخرمن
الطش اذا اکل کل کبي حمل المعده اوبس في معده بلدغ وكذا الحاذا كله الصان نفع من قبل الحصافه
الاسود اساولع منه حبة معه ما العسل اوالجن نفع من الاختناق الحادث شعن الكابون واختناق الرحم
ولاوجاعه ش

娜·波伊谢特在《植物的象征》一书中的描述："阿波罗及其儿子埃斯库拉庇治病的本领早就传给了耶稣，于是，'无刺的玫瑰'就成为基督徒的神圣植物了，在对圣母玛利亚的崇拜中尤其如此。1473年，马丁·松高绘制那幅动人的美画《圣母在玫瑰丛中》，画了一大丛繁花竞放的芍药，象征圣母之善，即无刺的本性善。芍药走出了修道院花园，因自己的美而获得了农妇的青睐。"

米兰达·布鲁斯–米特福德和菲利普·威尔金森所著《符号与象征》一书中囫囵吞枣地总结道："在中国，芍药是富贵之花，皇室之花，芍药在春天绽放，不仅象征春天，也象征美丽与女性。日本人认为芍药象征繁荣、昌盛，同时也是对新婚佳偶的祝福。"

这个总结乃是强调芍药的观赏价值，但芍药在古代中国的文化谱系中倒确实引申出"富贵之花"的含义。北宋著名学者沈括在《梦溪笔谈·补笔谈》中讲述了一个芍药花和人感应的神奇故事："韩魏公庆历中以资政殿学士帅淮南，一日，后园中有芍药一干，分四岐，岐各一花，上下红，中间黄蕊间之。当时扬州芍药未有此一品，今谓之

'金缠腰'者是也。公异之，开一会，欲招四客以赏之，以应四花之瑞。时王岐公为大理寺评事通，王荆公为大理评事佥判，皆召之……尚少一客，命取过客历求一朝官足之，过客中无朝官，唯有陈秀公时为大理寺丞，遂合同会。至中筵，剪四花，四客各簪一枝，甚为盛集，后三十年间，四人皆为宰相。"

韩琦被封为魏国公，故称"韩魏公"；王珪被封为岐国公，故称"王岐公"；王安石被封为荆国公，故称"王荆公"；陈升之被封为秀国公，故称"陈秀公"。四人当时皆未当过宰相，但是在这一次赏"金缠腰"之芍药之后，前赴后继都担任过宰相一职。这就是著名的"四相簪花"的故事，自此之后，芍药就成了富贵的象征。

最后说一下"芍药"其名的由来。李时珍在《本草纲目》中解释说："芍药，犹绰约也。绰约，美好貌。此草花容绰约，故以为名。"绰约是柔婉美好之貌，想一想庄子在《逍遥游》中对藐姑射之山神女的著名形容吧："肌肤若冰雪，绰约若处子。"这是对芍药的最高礼赞。

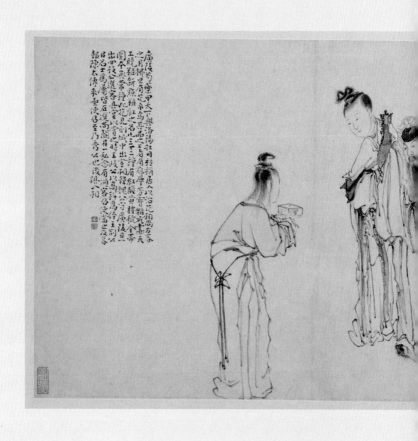

植物在丝绸的路上穿行

《山水人物图册》之一，清代黄慎绘，纸本淡设色，故宫博物院藏。

黄慎（1687—约1770），字恭寿，一字恭懋，号瘿瓢子，又号东海布衣等，福建宁化人。"扬州八怪"之一，清代中期著名书画家。擅山水、花鸟，尤长于人物画，多以神仙故事、历史典故为题材，早年工细，后将怀素草书笔法用于画中，潇洒放纵，气象粗犷，具有险峭奇崛之美。

这幅册页以洗练的笔法描绘了北宋"四相簪花"故事中的人物。官署中芍药名花"金缠腰"枝开四朵，时任扬州太守的韩琦遂邀王珪、王安石、陈升之共赏。四人饮酒宴乐之余，剪下芍药，各簪一朵。后三十年间，四人皆为宰相。此典故又称"广陵花瑞"。故事中虽出现了"四相"，画面只描绘了韩魏公一人。他身着燕居便服，头戴乌巾，宽袍大袖，长髯飘洒，意态在半醉与微醺之间，正将一朵盛开的芍药簪到头巾上。两个侍女，一捧瓶斜睐，一奉盒躬身。线条顿挫多姿，生动传神。

桑

/

西方离奇的东方想象

a. *Morus alba, Meurier blanc,* Weisse Maulbeer. b. *Morus nigra, Meurier, Maulbeer.*

植物在丝绸的路上穿行

"白桑；黑桑"，出自《植物图鉴》第三卷，约翰·威廉·魏因曼著，格奥尔格·埃雷特等绘，德国雷根斯堡，1738—1742 年出版。

约翰·威廉·魏因曼（1683—1741），德国药剂师、植物学家，出生于加尔德莱根，于 1710 年定居雷根斯堡，在那里开了一家药店并建了一座植物园。《植物图鉴》被认为是第一部使用彩色雕刻版画的重要植物学著作，采用了一种新开发的印刷工艺，可表现更多的细节和阴影，并通过手工着色完成。

这幅插图描绘了两种桑树："白"桑（拉丁名：Morus alba）与"黑"桑（拉丁名：Morus nigra），顺便描绘了以桑叶为食的蚕宝宝的一生，表现出桑与蚕的关系之紧密。中国本土原产的桑树是前一种，又称家桑、蚕桑，桑科桑属木本植物，落叶灌木或小乔木，高达 15 米。叶卵形或宽卵形，边缘有粗锯齿，有时不规则分裂，上面光泽，下面脉上有疏毛。花单性，雌雄异株，腋生，穗状花序。聚花果（桑葚）卵状椭圆形，黑紫色或白色。花期 4—5 月，果期 5—7 月。原产中国中部和北部，约有四千年栽培历史。叶饲蚕，木材坚韧，枝条可作造纸原料，果可食及酿酒，枝、叶、果皆可入药。而黑桑起源于美索不达米亚和波斯的山区，主要作为果树栽培，黑桑葚味道十分甜美浓郁。必须指出的是，虽然图中黑桑树上也画了蚕，但实际上蚕宝宝只喜食白桑。

桑

259

米兰达·布鲁斯-米特福德和菲利普·威尔金森在《符号与象征》一书中对桑树的象征含义进行了如此总结："中国一些地区的人们称桑树为生命之树，并认为桑木可以辟邪；桑树还象征孝心、勤奋。后来，由于蚕以桑叶为食，蚕成熟后结茧吐丝，而丝绸昂贵，因此为蚕提供食粮的桑树也随之成为财富、纵欲的象征。"

　　昂贵的丝绸使桑树成为财富的象征，逻辑上倒说得过去；但因为桑叶为蚕所食，桑树所以成为纵欲的象征，逻辑上完全不成立。事实上，这两位西方学者误解了桑树在古代中国人感情生活中的地位。

　　　　　　　　　　　　植物在丝绸的路上穿行

人类社会早期，各种婚姻样式并存，比如野合、对偶婚、走访婚等，这是母系社会的流风余韵。古代中国也不例外。正值青春期的男女通常选择在桑树林中幽会，比如屈原在《天问》中描述大禹和涂山氏女娇初次会面的情景："焉得彼涂山女，而通之于台桑。"就是说二人在桑林里野合。《诗经·鄘风·桑中》也吟咏道："期我乎桑中。"春暖花开，绿染桑林，纯洁而健康的男女在野外一见钟情，一个惊鸿一瞥的眼神，一个只可意会的手势，相继走入桑树林里。

有一个成语叫"桑间濮上"，《礼记·乐记》声称"桑间濮上之音，亡国之音也"。其实这不过是后世的儒家学者出于正统化的目的而横加的污蔑之辞而已。"濮上"指濮水之滨，属于卫国的封地。濮水之滨有个地方叫"桑间"，卫国的青年男女都喜欢到这里来幽会，幽会就少不了歌舞，而幽会的歌舞怎么可能庄重呢？自然活泼欢快，当然也缠绵暧昧，因此卫国的音乐就被称为靡靡之音，《诗经》中收录的卫国民歌大部分都是情歌。这就是所谓"桑间濮上之音"。郑国跟卫国接壤，两国的风气差不多，因此"郑声"也被称作靡靡之音，孔子就特别讨厌"郑声"。

由此可见，桑树林最初只不过是青年男女幽会的场所而已，这是人类的正常生理需求，甚至是爱情的发端之地。抒发浪漫情怀的地方，竟然被一些儒家学者视为淫靡之风盛行的地方，真是大煞风景！同时更可以得知，卫国和郑国的青年男女之所以选择在桑树林中幽会，无非是因为这两个地方盛产桑树。因此，在古代中国的文化谱系中，桑树林也仅仅是幽会的场所，甚至是爱情的象征，而并非纵欲的象征。

桑树原产于中国，甲骨文中就已经出现"桑"这个字。我们来看看"桑"的甲骨文字形（图1），很明显这是一个象形字，一棵桑树的样子栩栩如生。另一甲骨文字形（图2），桑树的样子更加美观。图3是西汉瓦当上残存的"桑"字，这块瓦当出土于西安，仅存"监桑"二字，显然是受过阉割之刑的犯人养伤的蚕室遗物。唐代学者颜师古解释"蚕室"一词说："凡养蚕者欲其温早成，故为蚕室，畜火以置之。而新腐刑亦有中风之患，须入密室，乃得以全，因呼为蚕室耳。"蚕室，名字如此优雅浪漫，却被用来安置刚刚被阉割的犯人！小篆字形（图4）树上的枝叶换成了手的形状，突出了采摘桑叶的意象。

图1　　　　图2　　　　图3　　　　图4

　　《说文解字》："桑，蚕所食叶木。"种桑养蚕对古人的生活如此之重要，以至于古人把桑树称作神桑。据《山海经·海外东经》："下有汤谷，汤谷上有扶桑，十日所浴，在黑齿北。居水中，有大木，九日居下枝，一日居上枝。"托名东方朔的《海内十洲记》中也描述道："扶桑在碧海之中，地方万里。上有太帝宫，太真东王父所治处。地多林木，叶皆如桑。又有椹树，长者数千丈，大二千余围。树两两同根偶生，更相依倚，是以名为扶桑。仙人食其椹而一体皆作金光色，飞翔空玄。其树虽大，其叶椹故如中夏之桑也。但椹稀而色赤，九千岁一生实耳，味绝甘香美。"扶桑即是神树。太阳在下面的汤谷中沐浴之后，攀着扶桑的树梢冉冉升起，这就是日出之处。

　　在中国，桑树的栽培历史悠久，周代时，采桑养蚕已是常见的农活。春秋战国时期，桑树已成片栽植，和梓树成为栽种最广的两种树种。梓树也是原产中国的速生树种，用途广泛：嫩叶可以食用；根皮或树皮的韧皮部（梓白皮）可以入药，能清热、解毒、杀虫；种子亦可入药，为利尿剂；木材可做家具。

因为这两种树用途广泛，种植和生长容易，所以古人在房前屋后大量种植。《诗经·小雅·小弁》中吟咏道："维桑与梓，必恭敬止。靡瞻匪父，靡依匪母。"意思是：想到桑树和梓树，我总是毕恭毕敬。我尊敬的只有父亲，依恋的只有母亲。南宋学者朱熹解释说："桑、梓二木，古者五亩之宅，树之墙下，以遗子孙给蚕食，具器用者也……桑梓，父母所植。"可见"桑梓"乃父母所植，旅居在外或者客居他乡的人们看到这两种树木，自然而然就想起了父母，想起了故乡。因此至迟在东汉时期，人们就已经用"桑梓"借指故乡或乡亲父老了。

桑树确实是古代中国人的生命之树，古人对桑树甚至到了依恋的地步，就像依恋父母一样。《后汉书·襄楷传》中有"浮屠不三宿桑下，不欲久生恩爱，精之至也"的说法，唐代学者李贤解释说："言浮屠之人寄桑下者，不经三宿便即移去，示无爱恋之心也。"竟至于用对桑树的爱恋来作譬！

清代诗人龚自珍有词："空桑三宿犹生恋，何况三年吟绪。""空桑"代指僧人或佛门，有人认为空桑乃是圣山，古籍中常见圣人生于或者活动于空桑的记载，但我认为此处的"空桑"是一个象征，寄于桑树下不经三宿即离去，以示无爱恋之心，那么即使不在桑树下，心中也应该不存桑树之念，此之谓"空桑"。清代诗人袁枚也有诗："颇似神仙逢小劫，敢同佛子恋空桑。""小劫"与"空桑"对举，正印证了"空"非实指，乃是象征。

这就是古代中国人与桑树的深刻关系。说它在古代中国是"纵欲的象征"，不仅玷污了这种神树和生命之树，同时也是中了儒家卫道士的毒。

由蚕桑所制成的丝绸，早在张骞凿空西域之前就已经传入中国以西的国家。最早的文献记载出自《穆天子传》。周穆王是西周的第五位君主，他酷爱远游，公元前十世纪，周穆王从中原出发，经过西北地区到达中亚，在昆仑丘会见西王母，赠送给这位女神"锦组百纯"，"锦"指有彩色花纹的丝织品，"组"指宽丝带。可以想见接到这样珍贵的礼物时西王母的喜悦心情，《穆天子传》称她"再拜受之"。

来自中国的丝绸，就这样渐次传入更西的国家，一直传到了古希腊。著名的荷马史诗《奥德赛》中吟咏道："从门阈直到内室，椅上放着柔软的绮罗，精工巧制，这是妇女们的玩意……"这时是公元前八世纪末，希腊的妇女们已经披上了来自东方的华丽绮罗。

不过，古代西方世界并不知道丝绸是怎样制成的，于是产生了许许多多离奇的想象。古希腊历史学家希罗多德和哲学家泰奥弗拉斯托斯都认为蚕丝产自"长羊毛的树"，古罗马诗人维吉尔也在《田园诗》中吟咏道："赛里斯人从他们那里的树叶上采下了非常纤细的羊毛。"

古罗马学者老普林尼则在公元一世纪的《自然史》中写道："赛里斯人……其林中产丝，驰名宇内。丝生于树叶上，取出，湿之以水，理之成丝。后织成锦绣文绮，贩运至罗马。富豪贵族之妇女，裁成衣服，光辉夺目。由地球东端运至西端，故极其辛苦。"

植物在丝绸的路上穿行

到了公元二世纪，希腊地理学家波金尼阿斯则有更骇人听闻的想象："希腊人称为赛尔（Ser）……这虫的大小约二倍于甲虫那么大，它吐丝的现象就和在树下结网的蜘蛛相似，蜘蛛八足，该虫也是八足。赛里斯人冬夏二季各建专门房舍畜养。虫所吐出的像蜘蛛的细丝，把足缠绕起来。先用稷养四年，到第五年才用青芦饲养，青芦是这种虫最喜爱吃的食物。虫的寿命就只有五年，虫因吃青芦过量，血多身裂而死，体内即是丝。"（转引自周匡明主编《中国蚕业史话》）古代西方世界因此称中国为赛里斯国（Seres），意为产丝之国。

蚕茧传入东罗马的故事则是这样的："波斯人某，常居赛里斯国。归国时，藏茧子于行路杖中，后携至拜占庭。春初之际，置茧卵于桑叶上，盖此叶为其最佳之食也。后生虫，饲叶而长大，生两翼，可飞。"（引自张星烺编注《中西交通史料汇编》）

更详细的叙述出自公元六世纪东罗马历史学家普罗科波所著《哥特人的战争》一书："一些僧侣自印度人（指塔里木盆地的居民）中前来并获悉查士丁尼是如何迫切希

植物在丝绸的路上穿行

《御制耕织图》之"织第三图 三眠"，清代焦秉贞绘，绢本彩绘，康熙三十五年（1696）内府刊本，美国国会图书馆藏。

《耕织图》是中国古代为劝课农桑，采用绘图的形式翔实记录耕作与蚕织全过程的系列图谱，原为南宋绍兴年间画家楼璹（shú）所作，得到历代帝王的推崇和嘉许。康熙年间，江南士人进呈楼璹《耕织图诗》，康熙命内廷供奉焦秉贞重绘此册，亲自题序，并为每图题诗一首。著名木刻家朱圭、梅裕凤奉旨镌版印制。此《御制耕织图》为彩绘绢本木夹板册叶装，含耕图和织图各二十三幅。焦秉贞虽主要依据楼璹《耕织图》来创作，但内容画面均做了调整，其图鲜丽

细腻，在技法上参用了西洋焦点透视法。

《织图》系统描绘了从浴蚕、分箔、上蔟、练丝、络丝至剪帛、成衣的整个过程，形象展示了当时蚕桑及纺织工艺的发展面貌，画面细致入微，人物刻画生动。蚕妇们围绕蚕织过程废寝忘食日夜忙碌，同时还要操持家务，养育孩子，令人感叹一丝一线来之不易。这一幅是《织图》第三幅，描绘了蚕宝宝三眠阶段食叶量骤增，农妇夜里不得休息，须再三查看，及时添加桑叶的情景。图后有诗曰："连宵食叶正纷纷，风雨声喧隔户闻。喜见新蚕莹似玉，灯前检点最辛勤。"仿佛能听到静夜里蚕食桑叶的声音。

望拜占庭人不再向波斯人采购丝绸。他们于是便去拜谒查士丁尼并向他许诺设法使拜占庭人完全不需要向波斯人和其他任何外国采购丝绸。他们声称：我们曾居住在一个有许多印度人（佛教徒的）城市的地区，该地区叫作'塞林迪亚'（'西域'），那里从事养蚕业，我们将向拜占庭人介绍其秘密。查士丁尼询问他们以试图知道怎样在拜占庭生产丝绸以及他们的事业有何保证。僧侣们回答说丝绸的生产者是某种在大自然的指挥下操作的毛虫，大自然使它们的工作变得容易了。但由于很难从那里携来活虫（由于距离的关系），他们可以运用诡计。事实上，每条毛虫都生产相当数量的虫卵，一旦当产生虫卵之后则很容易把它们藏起来。用厩肥覆盖起来后，其温度则可以使之保存一段时间。僧侣们做了这样的澄清之后，查士丁尼向他们许诺，如果他们成功地实现自己的计划，那么他将重赏他们。谈到此之后，僧侣们就再度出发前往印度。过了一段时间之后，他们便为拜占庭携来了相当数量的蚕卵。在完全按照他们所说的方式处理之后，他们便获得了用桑叶饲养的新生毛虫。从此之后，拜占庭便开始饲养蚕了。"

植物在丝绸的路上穿行

"查士丁尼大帝从僧侣手中接过首次传入的蚕种"，出自《桑蚕的引入》系列版画，斯特拉达努斯设计，卡雷尔·凡·马勒里制，荷兰，约1595年出版，美国大都会艺术博物馆藏。

《桑蚕的引入》系列印刷品描绘了蚕种传入西方的传说与养蚕制丝工艺的整个过程，可以看作"欧洲版蚕织图"，这幅版画是其中的第二幅。

版画描绘了东罗马帝国的首都君士坦丁堡的一个城市广场之上，头戴皇冠、身披斗篷的查士丁尼皇帝正从马背上俯身接过藏匿着蚕卵的空心手杖。献上手杖的是两个身着僧侣服饰的来客。皇帝的侍卫们环绕在周围。前景中，一只狗在人群中奔跑。画面热烈中带有一丝肃穆的浮雕感。

据说在六世纪，为了解决被波斯人垄断丝绸贸易的问题，查士丁尼大帝派遣两个熟悉东方情形的聂斯脱利派僧侣潜赴中国，将当时禁运的蚕卵藏在竹杖中偷运回君士坦丁堡。从此，东罗马人掌握了蚕丝生产技术，君士坦丁堡也出现了庞大的皇家丝织工场，进而垄断了欧洲的蚕丝生产和纺织技术。

桑

这段记载说明，当时波斯人垄断了中国和东罗马帝国之间的丝绸贸易，而波斯人和中国之间的丝绸贸易又是以印度和西域为中介。

这个有趣的故事并非孤例，蚕种最初从中原传入西域的于阗国（今新疆和田地区）也是偷运而入的。玄奘在《大唐西域记》"瞿萨旦那国（即于阗国）"一节中记载了这个传奇故事："王城东南五六里，有麻射僧伽蓝，此国先王妃所立也。昔者此国未知桑蚕，闻东国有也，命使以求。时东国君秘而不赐，严敕关防无令桑蚕种出也。瞿萨旦那王乃卑辞下礼，求婚东国，国君有怀远之志，遂允其请。瞿萨旦那王命使迎妇，而诫曰：'尔致词东国君女，我国素无丝绵桑蚕之种，可以持来，自为裳服。'女闻其言，密求其种，以桑蚕之子置帽絮中。既至关防，主者遍索，唯王女帽不敢以验，遂入瞿萨旦那国，止麻射伽蓝故地，方备仪礼奉迎入宫，以桑蚕种留于此地。阳春告始，乃植其桑，蚕月既临，复事采养。初至也，尚以杂叶饲之，自时厥后，桑树连阴。王妃乃刻石为制，不令伤杀，蚕蛾飞尽，乃得治茧，敢有犯违，明神不佑。遂为先蚕建此伽蓝。"

植物在丝绸的路上穿行

中原地区国君之女藏桑蚕之子于帽絮中，这才将桑树和蚕种传入西域，这是唐以前很多年的往事了，玄奘西游时，还看到麻射那座蚕神庙里有"数株枯桑，云是本种之树也"。

　　以上就是蚕种、桑树以及丝绸的制作技术辗转从中国传到西域、印度、波斯，直至古希腊和罗马的艰难历程。而这条古代贸易通道，就是我们熟知的"丝绸之路"。

　　丝绸之路，名实相符。本书就以丝绸和桑蚕的传奇故事收尾，感谢您的阅读。

主要参考文献 ／

[1] 司马迁.史记 [M].北京：中华书局，1982.

[2] 班固.汉书 [M].北京：中华书局，1962.

[3] 李昉，等.太平御览 [M].北京：中华书局，1960.

[4] 欧阳询.艺文类聚 [M].上海：上海古籍出版社，1982.

[5] 许慎.说文解字 [M].北京：中华书局，1995.

[6] 张舜徽.说文解字约注 [M].武汉：华中师范大学出版社，
2009.

[7] 徐中舒.甲骨文字典 [M].成都：四川辞书出版社，2006.

[8] 左民安.细说汉字：1000 个汉字的起源与演变 [M].北京：九
州出版社，2005.

[9] 白川静.常用字解 [M].苏冰，译.北京：九州出版社，2010.

[10] 马持盈.诗经今注今译 [M].台北：商务印书馆，1971.

[11] 劳费尔.中国伊朗编 [M].林筠因，译.北京：商务印书馆，
1964.

[12] 薛爱华.撒马尔罕的金桃：唐代舶来品研究 [M].吴玉贵，
译.北京：社会科学文献出版社，2016.

[13] 星川清亲.栽培植物的起源与传播 [M].段传德，丁法元，
译.郑州：河南科学技术出版社，1981.

[14] 波伊谢特.植物的象征 [M].蒂特迈耶尔，绘；黄明嘉，俞宙明，
译.长沙：湖南科学技术出版社，2001.

[15] 比德曼.世界文化象征辞典 [M].刘玉红，等，译.桂林：漓
江出版社，2000.

[16] 瞿明安.隐藏民族灵魂的符号：中国饮食象征文化论 [M].昆
明：云南大学出版社，2011.

[17] 张平真.中国蔬菜名称考释 [M].北京：北京燕山出版社，

2006.

[18] 刘文性."闵氏"语义语源及读音之思考 [J].西北民族研究，1998（1）.

[19] 王青，唐娜.中土传说对西域世界的重新构建——以西域枣的仙道化过程为中心 [J].西域研究，2007（2）.

[20] 圣经 [M].和合本.

[21] 奥维德.变形记 [M].杨周翰，译.北京：人民文学出版社，1984.

[22] 冯象.宽宽信箱与出埃及记 [M].北京：生活·读书·新知三联书店，2007.

[23] 尚秉和.历代社会风俗事物考 [M].木东，杨晟盛，点校.南京：江苏古籍出版社，2002.

[24] 季羡林.糖史 [M].南昌：江西教育出版社，2009.

[25] 奥康奈尔，艾瑞.象征和符号 [M].余世燕，译.广州：南方日报出版社，2014.

[26] 布鲁斯－米特福德，威尔金森.符号与象征 [M].周继岚，译.北京：生活·读书·新知三联书店，2014.

[27] 柯斯文.原始文化史纲 [M].张锡彤，译.北京：生活·读书·新知三联书店，1955.

[28] 黄宝生.梵语文学读本 [M].北京：中国社会科学出版社，2010.

[29] 迦梨陀娑.沙恭达罗 [M].季羡林，译.北京：人民文学出版社，2002.

[30] 库恩.希腊神话 [M].朱志顺，译.上海：上海译文出版社，2006.

[31] 伊利亚德.宗教思想史 [M].晏可佳,吴晓群,姚蓓琴,译.上海:上海社会科学院出版社,2004.

[32] 玛扎海里.丝绸之路:中国—波斯文化交流史 [M].耿昇,译.北京:中华书局,1993.

[33] 中国科学院植物研究所系统与进化植物学国家重点实验室.iPlant.cn 植物智——中国植物＋物种信息系统 [EB/OL]. [2022-7-15]. http://www.iplant.cn/.

[34] Smithsonian Libraries and Archives (SLA). Biodiversity Heritage Library[EB/OL].[2022-7-15].https://www.biodiversitylibrary.org/.

植物在丝绸的路上穿行